钱的第四维 II

财富素养常识

许骥 著

中国友谊出版公司

献给我的孩子们：
人的一生很是短暂，
而在短暂的一生中，
我们能做不少有价值的事。

目　录

第二章 财富知识

第三章 财富身份

第六章 财富投资

第七章 财富安全

第八章 财富教育

第九章 财富责任

第十章

财富领导

附录一

离岸信托课程讲义

附录二

100 本参考书目

什么是财富素养？

财富（Wealth）是一个内涵丰富的词语，它比金钱（Money）、财宝（Treasure）、金融（Finance）、资产（Asset）、资本（Capital）等概念都更宽泛。财富不仅是物质层面的，同时也可以是精神层面的。比如父辈给子女留下的人生经验，是子女宝贵的人生财富。财富甚至还可以是某种坚定不移的信仰。相形之下，现在流行的概念“财商”（Financial Quotient）亦见其小。身为创富者，在今后的社会中，拥有全面的财富素养（Wealth Literacy）将是不可或缺的竞争力；反之，则有可能被时代淘汰。

那么，什么是真正的财富素养呢？它起码包括（但不限于）以下十个方面：

一、财富思维。思维是对世界的认知，面对同一事实时做出不同判断的依据。所以，财富思维是创富者一切行为的起点，只有清楚为何上路，才能顺利抵达目的地。

二、财富知识。知识是人类演化过程中沉淀下来的确定而有效的认识。如果说思维是大厦，那么知识就是砖瓦。想要拥有正确的财富思维，必须具备大量的财富知识。

三、财富身份。在面对身份时，创富者可能呈现出接纳、拒绝、怀疑、保卫、坚定等不同的状态。通过思考找到自己的身份定位，从“像个有钱人”向“是个有钱人”进步。

四、财富格调。人没钱的时候自己是很容易发现的，没格调却不容易发现。因此，格调需要自省与培养。无论是否有钱，都要形成适合自己的“格调体系”，力求成为体面的人。

五、财富习惯。有格调的人，都有一套自己的习惯。财富习惯是最强大的力量，它比热情、兴趣等更能有效地创造、累积和守护财富。创富者应该养成良好的习惯。

六、财富投资。投资也是财富中必不可少的环节，但财富投资的范围比财务投资大。创富者要树立正确的投资理念，平衡收益、风险、成本和时间这“四要素”之间的关系。

七、财富安全。拥有的越多，就应该越小心谨慎。当有了一定量的财富积累之后，就要考虑安全，逐渐成为一个“风险厌恶型”的创富者，筑造防火墙，才能使财富不至于流失太多。

八、财富教育。教育不是灌输，也不是单纯地引导，而是要以身作则传递价值观。财富教育既包括创富者的自我教育，也包括对他者（家族成员或其他社会人士）的教育。

九、财富责任。世界上不存在单纯的权益，权益总是伴随着责任同行。创富者享有财富权益的同时，要主动承担更多的责任，回馈社会，比如组织推动公益事业等等。

十、财富领导。领导力是影响他人的能力，是让他人跟随的能力。创富者打造卓越的领导力，是为了对抗过度个人主义、过度工具理性等因素给财富带来的负面影响。

以上十点，卑之无甚高论，无非财富素养常识而已。归根到底，财富素养的养成离不开常识。面对纷繁复杂的世界，常识是我们可靠的工具。两百多年前，美国开国元勋之一托马斯·杰弗逊（Thomas Jefferson）说了一句名言："我很相信运气，事实上我发现我越努力，我的运气越好。"没错，创富者要努力创造，而不是等待奇迹。

第一章

财富思维

思　考

我卡在一条鱼的身躯里。
如果我是鱼本身，这篇演说
就是穿过我的鳃而逃离的
水声，并且我会像所有的鱼
卡在一条更大的鱼的
嘴里，或被网住
或死于做鱼。想想
我卡在其中，一个具有
自由的权利的人像我一样
被训练思考，我的思维是
另一种网，因为这个自由的
权利是一种折磨，如同卡在
一条鱼的身躯里。

——美国诗人　大卫·伊格内托（David Ingatow）

1 有钱人是不是更坏？

核心观点：人人都有可能犯罪，和财富多少没有直接关联性。

中国有句名言叫“为富不仁，为仁不富”（语出《孟子·滕文公上》），这可能是大多数人的认知，即有钱人更坏。其实不仅是中国人，外国人也是这么想的。一份欧洲的调查报告显示，有52%的受访者认为想要变得富有的一个充分条件就是“不诚实”。可见，多数人认为有钱人比穷人更坏。然而，事实果真如此吗？当然不是。

德国埃尔福特大学社会学教授吉多·梅尔科普（Guido Mehlkop）曾经出版过一本名为《犯罪是理性选择》的学术著作。在该书中，他指出犯罪不仅仅是个道德问题，更是每个人对风险与收益的理性计算。换句话说，任何人都有可能犯罪，这与财富多少没有直接的关联性。

根据梅尔科普教授的研究，如果“不诚实”能带来回报的话，那么社会各个阶层人士都有可能这么做——区别只是你愿意为此付出多少代价。比如，偷税漏税在有钱人中更为常见，但超市盗窃的行为则在穷人中更为普遍。为什么会这样？他的结论是，因为超市盗窃给有钱人带来的风险大于回报，所以他们不太可能从事这样的行为。如果我们对犯罪行为一视同仁，不以五十步笑百步的话，那么就不该得出“有钱人更坏”的结论。

事实正好与多数人的想法相反，真正对财富有所认知，也就是通过自身努力实现财富自由的人，往往会得出这样的结论——如果你和你的生意伙伴之间不够诚实，那么是赚不到大钱的。正如沃伦·巴菲特（Warren Buffett）说的那样：**“和坏人做不了好生意。”**

美国财经专栏作家托马斯·J. 斯坦利（Thomas J. Stanley）辛勤走访了733名美国百万富翁，然后在其著作《有钱人和你想的不一样》中指出，有57%的受访者说“诚实对待所有人”是非常重要的，有33%的受访者将诚实列为自己商业成功的“重要因素”。更为有趣的是，托马斯罗列了30个“致富因素”，让百万富翁们进行排序。结果显示，一般人认为最重要的“智力”仅排名第21位，而位列榜首的正是“诚实”。其他结果也出人意料，比如只有14%百万富翁认为“量入为出”是重要因素。

所以，无论你现在就很富有还是即将会变富有，都必须做个诚实的人。换句话说，无论你有钱没钱，都不应该犯罪。世界前首富约翰·D. 洛克菲勒（John D. Rockefeller）曾表示：“我能在生活中取得成功，主要归功于我对别人的信任和我激发他们信任我的能力。”任何人都可以做好人，也可以做坏人，有钱人并不一定更坏。

凡事皆为选择，选择皆有代价。做出了选择，就要承受代价，这是最基本的常识。希望你永远是做对选择的那个人。

2 财富越多，问题越多

核心观点：财富是伟大梦想的副产品，只想着有钱享受生活的人通常赚不到大钱。

很多时候，人们只是笼统地想要变得有钱，而常常混淆一些财富概念。例如，创富、储蓄、理财、投资等等。实际上，它们都是不同的。如果没能思考清楚这些概念的区别，即便创富成功，也很难守住财富；或者即便很会储蓄，也不见得擅长投资。类似的情况，在财富世界里屡见不鲜。所以，财富如行路，是个动态过程。**财富道路似乎只有两种可能，不是历久弥新，就是功败垂成，而殊少有原地踏步的情况。**随着财富的积累，问题会不断产生。如果对问题望而生畏，那么就会在财富道路上止步。

总部位于美国的波士顿私人银行每年都会公布名为《财富的原因》的报告。在连续多年的跟踪调查中，发现了不少微妙的变化。其中最显著的特征之一，就是财富拥有者心目中天平的两端——“自由”和“责任”的起伏。

《纽约时报》专栏作家保罗·沙利文（Paul Sullivan）在文章《金钱可以买来幸福，但财富也是一种负担》中以企业家简·戴利（Jane Daly）为例。戴利自幼对公共交通非常感兴趣，她把原本属于政府职能的事业变成了利润丰厚的私营企业。但她指出，财富并非她事业的目标：“我希望公司能取得成功，因为有很多家庭指望我们。”她将企业的大量利润捐赠给波多黎各一个叫“新星基金会”的非营利教育机构，以此彰显社会责任。

那么，到底是什么力量支撑企业家持续创富呢？答案正是：梦想与初心。

日本企业家小林昌裕在他的著作《不为钱烦恼的富裕生活》中告诫读者，必须摒弃“只要守住平凡，幸福就不会瓦解”的幻想，因为人生最大的风险就是“毫无作为”。多数人想的是：“如果有钱了，我就可以做很多事了。”但这种观念本末倒置。正确的思维应该是：“我为了完成什么梦想，而需要创造多少财富。”所以，不要去想自己有没有钱，甚至连怎么让自己变得有钱都是第二步，人们首先应该思考的是拥有怎样的梦想，抱持怎样的初心，从而踏上创富之路。当然，你的梦想和初心必然是对社会有意义的。一旦调整到这种模式，人的所有言行，都会逐渐朝财富拥有者的方向而去。

随着财富增加，问题一定会越来越多。《财富的原因》报告中还发现，企业家与打工仔相比，对于财富的责任感更为强烈。这些企业家表示，来自他人的期望，以及对其财富的舆论，令他们备感压力。是“责任”，而并非“自由”支撑着企业家持续创富。创富者专注于目标，遇到问题，解决问题，因此多正念，少怨怼。说到底，**金钱喜欢大梦想。**财富是伟大梦想的副产品，只想着有钱享受生活的人，通常是赚不到大钱的。

3 什么是“企业家精神”？

核心观点：我们需要的企业家精神是创新、聚合、有担当、长期主义。

企业家是社会主义市场经济的重要群体。《人民日报》曾刊发《弘扬企业家精神，为国家作出更大贡献》一文指出：“我国已进入高质量发展阶段，人民对美好生活的要求不断提高，继续发展具有多方面优势和条件，但发展不平衡不充分问题仍然突出，创新能力还不适应高质量发展要求。国内外发展环境发生的深刻复杂变化，对我国企业发展带来了不小挑战、提出了更高要求。越是面临挑战，越要大力弘扬企业家精神，发挥企业家作用，推动企业实现更好发展，为我国经济发展积蓄基本力量。”

企业家是个不小的群体。企业家和企业家之间，既有共同点，也有不同点，对企业家的定义亦众说纷纭。综合而言，主要有以下几种：

第一，法国经济学家让-巴蒂斯特·萨伊（Jean-Baptiste Say）认为：企业家是冒险家，是把土地、劳动、资本三个生产要素结合在一起进行活动的第四个“生产要素”，他们承担着可能破产的风险。

第二，英国经济学家阿尔弗雷德·马歇尔（Alfred Marshall）认为：企业家是以自己的创新力、洞察力和统帅力，发现和消除市场的不平衡性，给生产过程提出方向，使生产要素组织化的人。

第三，美国经济学家约瑟夫·A. 熊彼特（Joseph A. Schumpeter）认为：企业家是不断在经济结构内部进行“革命突变”，对旧的生产方式进行“破坏性创新”，实现经济要素创新组合的人。

第四，美国管理学家彼得·F. 德鲁克（Peter F. Drucker）则认为：企业家是革新者，是勇于承担风险、有目的性地寻找革新源泉、善于捕捉变化，并把变化作为可供开发利用机会的人。

综合众多名家之说，我们起码可以得出**企业家的三个共同点：创新、聚合、有担当。**这些共同点，便是通常意义上的“企业家精神”。

那么，企业家又有哪些不同点呢？大致可以分为两大类型：第一类是“盎格鲁–撒克逊模式”（Anglo–Saxon Model），第二类是“莱茵模式”（Rhineland Model）。这个分类，是法兰西银行货币政策委员会前委员米歇尔·阿尔贝尔（Michel Albert）在其1991年出版的名著《资本主义反对资本主义》中提出的。两种模式各有利弊，篇幅所限不能展开论述。简言之，“盎格鲁–撒克逊模式”主要存在于美国等国家（因此也称为“新美国模式”），它适合创新、竞争，有利于产生更高的经济效益，受其影响，美国诞生了乔布斯、马斯克等代表性企业家。“莱茵模式”主要存在于德国等国家，它适合长期性的产业，有利于企业稳定发展，有助于实现社会公正，受其影响，德国较少出现“明星”型的企业家，因为他们秉持长期主义。

在“新时代”下，毋庸置疑，我们需要的是创新、聚合、有担当、长期主义的企业家精神。

4 创富者都是好销售

核心观点：无法接受“销售”，是没有常识，也就难以创造财富。

“销售”（Sell）两个字，一直是被误解最严重的概念之一。的确，“销售”可以是很肤浅的技能，但同时也可以是一门很高深的学问。简单理解，“销售”就是“做买卖”。传统相声中的名篇《卖布头》《卖五器》《卖吊票》等等，都是关于“销售”的段子。这个层面的“销售”，停留于“一手交钱，一手交货”的最基础层面。

但是如果换个角度看“销售”，它又可以立刻具备普适性。因为在现代社会，人们“销售”的不仅是商品和体力，还有各种各样、有形无形的东西，比如产品、服务、理念、创意等，都可以是“销售”的对象。这样理解“销售”，那么我们的日常生活就很难不与“销售”发生关系了。

实际上，“销售”的覆盖面甚至还能更广。被誉为“全球最具影响力的50大思想家”之一的美国趋势学家丹尼尔·H. 平克（Daniel H. Pink）在他的著作《全新销售：说服他人，从改变自己开始》中曾经这样写道：“医生要劝说患者接受治疗措施；律师要说服陪审团作出符合己方利益的裁决；教师要以自己在课堂上传授的价值，吸引学生专心听讲；创业家要争取吸引投资人；作家要对出版商甜言蜜语；教练要劝诱球员……不管从事什么职业，我们总会向同行做陈述，对着新客户说好听的话。我们恳求上司把预算给得稍微宽松些，劝人力资源部多加几天假期。”这些其实都是“销售”行为。根据平克的统计，现代人大约每天会花40%的工作时间从事“非销售”的销售工作，即便**“说服、影响、打动他人”**这些行为和购买行为无关。这里的关键在于，如果把“说服”理解为广义的“销售”，那么，基本上所有人都无可避免地在从事“销售”工作。

这种对于“销售”的认知，可以说是创富的起点。当人产生一个创富的想法时，个人的能力是有限的，必须寻找资源，聚合能量，缺人找人，缺钱找钱，缺渠道找渠道。所有工作其实核心都是“说服”。许多人无法创富，与其说是能力问题，不如说是没办法突破自我，放下架子。

不少人觉得“从不求人”很值得自豪，这是错误的。在市场经济中，并没有绝对的谁“求”谁，一切都是交易。发起邀约，接受邀约，建立合作，创造价值——这，就是一个“销售”闭环。这对“销售人员”而言是常识，但对尚未接受这套价值观的人来说也可能是“强词夺理”。关于这点，巴菲特的“黄金搭档”查理·T. 芒格（Charlie T. Munger）说得入木三分：**“所谓常识，是平常人没有的常识。当我们在说某个人有常识时，我们其实是在说，他具备平常人没有的常识。人们都以为具备常识很简单，其实很难。”**或许正因为这个道理，《全新销售》的副标题才叫做“说服他人，从改变自己开始”。

5 社会为什么需要有钱人？

核心观点：真正有志气的创富者，“小目标”不是赚一个亿，而是创造大量就业机会。

社会是生态，财富是水，需要有效循环，生态才能健康。那么，有钱人在社会中扮演什么角色呢？他们是植物，能够保护水土。“家底雄厚的人”（Old Money）像热带雨林，抗打击能力强；“发家致富的人”（New Money）像新的植被，在努力生长。所以，累积财富的有钱人就像蓄水的植物，没了他们，贫困、无序、犯罪就如同沙漠、戈壁这样的恶劣环境，会肆无忌惮地扩张。

一个人有钱未必就说明其对社会的贡献更大，但是，一个人有钱以后确实能为社会做更多贡献。有钱人的贡献体现为企业家精神，尤其以中小企业主的贡献最大。2018年，国务院副总理刘鹤在主持召开国务院促进中小企业发展工作领导小组第一次会议时指出：“目前，我国中小企业具有‘五六七八九’的典型特征，贡献了50%以上的税收，60%以上的GDP，70%以上的技术创新，80%以上的城镇劳动就业，90%以上的企业数量，是国民经济和社会发展的生力军，是建设现代化经济体系，推动经济实现高质量发展的重要基础，是扩大就业、改善民生的重要支撑，是企业家精神的重要发源地。”

在经济学上，有句话叫**“商业是最大的公益”**。为什么这么说呢？因为一个好的商业模式，能解决大量就业问题。如果立志成为创造财富者，就要先设立“小目标”。坚持把企业做大，不是为了个人“赚一个亿”的“小目标”，而是创造大量就业岗位，直接或间接养活社会上的大量家庭。所以在认知上，最重要的是不要把“商业”和“公益”对立起来。“二元论”或许很痛快，但却掩盖了真实世界的复杂性，会扭曲我们的认知。当创富者把创造财富的才思运用到社会公益上，将释放出巨大的能量，为社会做出巨大贡献。

为什么有钱人为社会做贡献重要？因为在历史上，这是早已被验证过最为行之有效的公益方案。1835年，法国政治家阿历克西·德·托克维尔（Alexis de Tocqueville）出版了他的名著《论美国的民主》第一卷。同年，他在瑟堡皇家学会的开幕会上宣读了自己的《济贫法报告》，这是他于此前在英格兰地区实地考察贫困法案后总结出来的。托克维尔尖锐地指出：“我深信任何永久的、例行公事的、旨在满足穷人需要的行政体系，都会滋长更多它本身所不能缓解的不幸，诱导它本要帮助和安抚的人们变得堕落，而随着时间的推延，最终将富人沦为贫穷的佃农……现代文明的进步运动将渐渐让越来越多的人依赖着公益生存。”公益，即有钱人对社会的贡献。

托克维尔深信，唯有运用“行政体系”以外的力量，才能真正纾困。从商业走向公益，不正是这种力量吗？

6 唯一可靠的是历史

核心观点：在财富的道路上，如果看不懂当下，看不清未来，那么最好的方法就是去历史中找答案。

《圣经·旧约》里说：**太阳底下无新鲜事。**所有新生事物，都不过是新瓶装旧酒。所以了解过去，有助于理解未来。而了解过去，就是历史学的任务。或许正因为这样，历史学在西方才有“文科之王”的称号（“理科之王”则是数学），不少欧美名校的校长，都由历史系教授担任或兼任。学习历史，了解历史，是非常有必要的。

例如每次遭遇经济危机，有历史常识的人总是下意识地去回顾1929年“大萧条”的那段历史，而与此同时，美国普利策奖得主斯特兹·特克尔（Studs Terkel）于1970年出版的著作《艰难时代：亲历美国大萧条》就会再度热销。无论在多么严苛的环境下，总是有人赚钱，有人赔钱，大萧条时期亦然。人们通常会好奇，谁能在大萧条中依旧赚钱？其实还真不少，试举三例：

一、心理医生。大萧条导致很多人赔钱，会变得心理不健康，于是要看心理医生寻求安慰，这是人之常情。有趣的是，在华尔街有不少人在大萧条中赚了大钱，他们看到路有冻死骨，而自己却盆满钵满，心理也不健康了，也要去找心理医生疏导治疗。

二、提供廉价娱乐的人。人们的精神生活，无论有钱没钱都需要得到满足，而且大萧条期间更多人失业，有了闲暇时间，他们无处可去，需要既便宜又可以打发时间的地方。书中有位打地下拳击的拳击手，恰好看到了这个商机，填补了“提供廉价娱乐”这个市场，顾客只需要支付非常少的钱就可以观看拳击表演，于是也发了财。

三、培训机构。大萧条导致很多人失业，失业后想要找到新工作，一个自然的想法是提升自己，失业者热衷于报各种补习班和培训班。于是，“补习天王”们如雨后春笋般涌现。著名的成功学家戴尔·卡内基（Dale Carnegie）就是趁着这股潮流崛起的。

曾国藩云：“灵明无着，物来顺应，未来不迎，当时不杂，既过不恋。”这是一等的处事态度。相反，人们常常沉湎于过去，混乱于当下，迷茫于未来，往往都是对历史的无知造成的。历史无法一日掌握，它是一套方法论，也是一套知识体系和价值观。

多次荣登世界首富的亚马逊公司创始人杰夫·贝佐斯（Jeff Bezos）在一次演讲中讲到：“人们经常问我，未来10年什么会被改变？我觉得这个问题很有意思，也很常见。从来没有人问我，未来10年，什么不会变？在零售业，我们知道客户想要低价，这一点未来10年不会变。他们想要更快捷的配送，他们想要更多的选择。”很显然，**改变的是未来，不变的是历史。**如果没有办法预知未来，那就认真学习历史。

在寻求财富的道路上，我们唯一能确定的只有一点，那便是：周期永远存在，有大周期和小周期之分——既没有过不去的坎，也没有百日红的花。所以，逆境时扛住，顺境时囤粮——这是精通历史规律者应有的处世哲学，亦是成功者淡定心态的来源。

7 败局始于盲目自信

核心观点：天才从不犯错，除非是无法挽回的大错。

自信绝对是非常优良的品质，但**任何事情都过犹不及，**盲目自信却是毁灭性的。在财富问题上，因为盲目自信而导致的亏损比比皆是。这些“失败者”，恰如赵括纸上谈兵，马谡痛失街亭一样，令人扼腕叹息。在美国，被誉为“华尔街金融天才”的约翰·麦利威瑟（John Meriwether）和他创办的长期资本管理公司（Long-Term Capital Management, LTCM），就是典型的败于盲目自信的故事[1]。

麦利威瑟1947年出生，27岁便进入著名的所罗门兄弟公司工作。他凭借出色的数学头脑，非常擅长债券的相关工作，每年能为公司创造超过3500万美元的收益。不过1991年，因为一次违规操作，麦利威瑟不得不引咎辞职。那年，他44岁。但是，事业上的打击反而令他的野心更加膨胀。在原公司他有一支号称“天团”的队伍，麦利威瑟决定单干之后，开始筹建长期资本管理公司，并搭建了更为豪华的班底，其中包括：哈佛大学教授罗伯特·C. 默顿（Robert C. Merton）、经济学家迈伦·S. 斯科尔斯（Myron S. Scholes）、美联储原副主席小戴维·W. 莫林斯（David W. Mullins Jr.）、麻省理工学院终身教授黄奇辅等人。其中，默顿和斯科尔斯更于1997年获得了诺贝尔经济学

[1] 参见案例一。

奖，被誉为“现代金融之父”。

1994年2月，长期资本管理公司正式成立。公司的主要业务是债券套利交易，他们运用电脑将金融市场历史交易资料、已有的市场理论、学术研究报告和市场信息有机结合在一起，形成了一套较完整的电脑数学自动投资模型。公司的收益果然没有令客户失望，1994年的收益率为28%；1995年的收益率为59%；1996年的收益率为57%；1997年虽然遭遇了“东南亚金融危机”的冲击，公司的收益率仍然维持在25%的高水准。

不过，“黑天鹅”出现于1998年，这年俄罗斯出现金融危机。自1991年苏联解体后，俄罗斯多次出现金融危机，每次政府都会大量举债度过危机。所以，这次麦利威瑟认为俄罗斯政府依旧会这么做，于是大量买进贬值的俄罗斯债券。谁知，1998年8月，俄罗斯违约了。政府宣布卢布将大量贬值，连他们对内发行的债券都有可能无法兑付。

俄罗斯政府的举动让世界大跌眼镜，危机迅速蔓延。仅一天时间，长期资本管理公司就亏损了5.53亿美元，之前4年的心血付诸东流。不到10天，公司就走到破产边缘，亏损扩大到总资本的90%至95%。麦利威瑟回天乏术，公司最终清盘收场。

美国开国元勋之一的本杰明·富兰克林（Benjamin Franklin）曾经说过：“生活的悲哀之处在于，**我们总是老得太快，而又聪明得太慢。**等到你不再修正的时候，你也就不在了。”麦利威瑟的团队成员，除了星光熠熠的领袖，其他人也都是一等一的精英。如今，他们都被历史遗忘了。倘若麦利威瑟没有盲目自信，他的结局会不会好些呢？

8 为什么有人喜欢发明新概念？

核心观点：冷眼看概念，警惕喜欢不断发明新概念的人，这样不容易被洗脑。

很多人会觉得，自己非常努力，但是无论怎么做也无法获得自己想要的成绩。怎么想都想不通，有时候就会陷入极端思维。殊不知如果底层认知出了错，无论付出多少努力都不可能有好结果。一如近年许多人喜欢通过不断制造“新概念”来偷换概念，用得好有助于把高深的理论通俗化，但用得不好则容易失于偏颇，那可真叫“曲学阿世”了。

实际上，**概念就像工具，没有善恶之分。**一把斧子，用来砍柴就是生产工具，用来杀人就是犯罪凶器。指责或批评斧子没有任何意义，我们对概念的态度也应如此。

几乎所有由学者提出的概念，都不是发明，而是总结。也就是说，所谓的概念早就已经存在，甚至在我们的日常生活中经常被使用。学者的任务，是通过归纳和演绎，将我们日常生活中的行为简单化，实现“熵减”，便于理解，以此更好地指导我们的生活。同一个概念，可以从正反两方面来使用，比如“囚徒困境”。

“囚徒困境”是博弈论中经典的概念，不复杂，举个例子就能理解。比如，甲和乙一起打碎了花瓶，被大人发现了。大人想知道事情发生的真相细节，于是将甲和乙分开“审问”。如果甲和乙都说出了真相，每人可以获得1颗糖。如果甲和乙中只有一人开口，另一个不开口，那么开口者可以获得2颗糖，不开口者没有糖。如果甲和乙都不开口，则谁也没有糖，但大人就无法获取真相了。几种结果组合，通过下面这张表可以一目了然：

表1–1“囚徒困境”示例

	乙开口	乙不开口
甲开口	甲乙各得 1 颗糖	乙没有糖，甲得 2 颗糖
甲不开口	甲没有糖，乙得 2 颗糖	甲乙都没有糖

在这个局面中，我们发现有三种情况（甲和乙都开口或仅有一方开口）大人能得知真相，而只有一种情况（甲和乙都放弃糖）大人无法得知真相。所以“囚徒困境”认为，设计出“囚徒困境”的大人赢面极大，而在理性的驱使下，甲和乙都会倾向于说出真相。

好了，学习了“囚徒困境”这个概念，有什么用呢？比如下属集体要求加薪，老板想要找出“主谋”是谁，便可以制造“囚徒困境”。但是反过来，下属如果看穿了老板的把戏，也会知道“囚徒困境”中弱势方唯一的胜算就是“团结”，不要为了蝇头小利而出卖集体。你看，概念本身是不是完全没有善恶之分。

持续学习，不断增加自己的财富素养，不是为了算计他人，而是为了保护自己。尤其是在明白概念无善恶后，更要警惕那些喜欢不断发明新概念的人。**如果一件平常事被包装为新概念，动机通常有问题。**学会冷眼看概念，这样就不会被“洗脑”了。

9 时间是最珍贵的财富

核心观点：时间是有限的，而时间的利用率则可能是无限的。

人的一生是有限的，如何在有限的一生中创造尽可能多的财富，是每个人都应该思考的问题。但还是要强调，**财富不仅限于金钱，而是所有价值的统合。**那么，既然时间是有限的，放大时间的利用率就成为制胜关键。时间虽然是有限的，但是理论上来说，时间的利用率则可能是无限的。事实上，绝不荒废时间是许多创富者的共同特点。

现在有不少人选择独立生活，而即便如此，也并不意味着不需要好好经营时间。就拿时下流行的“提前退休”概念来说，倘若不做好充足的时间利用率规划，是不可能实现的。日本资深传媒人井形庆子有本名叫《英国人，这样过退休生活：英式心灵富足学》的著作，在这本书中，她也强调了对时间利用率的态度，原来能安稳退休的前提是下足功夫。

很多人以为只有中国人爱投资房地产，但其实地球的另一边有个国家亦然，那就是英国。在英国，流行“租房不如买房”的口号。当然，英国人热衷买房的原因或许与中国人不同。由于英国在之前很长一段时间都是欧盟国家，许多欧洲大陆的人会去英国工作，需要租房，于是便推高了英国物业的租金，再加上撒切尔夫人执政时期推行“金融大爆炸”，吸引全球大量资金涌入英国，令金融市场十分活跃，更多资金投向不动产。即便受到2008年“雷曼兄弟事件”影响，英国的房价还是在随后10年涨了2.5倍。所以，我们就能理解为什么英国人评判一个人是否“成年”的标准是“结婚、就业、买房”了。

那么，英国在2016年“脱欧”之后，其房地产价格是否受到冲击呢？事实恰好相反。根据法国《论坛报》的报道，“脱欧”之后的英国伦敦的房地产市场，仍然是全球超级富豪的投资首选。吸引他们投资的，主要是伦敦的基础教育和大学教育、治安、自然环境、航空基础设施、当地人文素养、奢侈品牌数量、营商氛围、房产税政策和投资营利空间等等因素。这些因素，或许也应该成为中国人投资房产的参考标准。

话说回来，举这个例子并不是奉劝所有人都趁早买房。尤其是在中国现在“房住不炒”的政策背景下，更不鼓励盲目这样做。借助英国的这个案例想说明的道理是，赚到的钱不能呆板地存在银行里，一定要从年轻时就学习投资理财，而且最好是稳健型投资。**通过稳健型投资，用时间逐渐累积财富，才能“夜夜安眠”**，这是最好的。时间在投资中是一个非常重要的变量，这一点将在本书第六章中阐述。而关于退休的正确理解，也会在本书第二章中讨论。

案例一

三个诸葛亮，败给臭皮匠
——美国“天团”长期资本管理公司溃败事件

1947年，二战刚刚结束，大洋彼岸的美国迎来了“战后婴儿潮”。这年，在芝加哥南部罗斯摩尔地区的一个天主教家庭，诞生了一个名叫约翰·麦利威瑟的男婴，父母非常高兴。

由于人口众多，又恰逢战后经济腾飞，“婴儿潮一代”在美国有举足轻重的地位。根据资料显示，截至2008年末，“婴儿潮一代”掌握了全美13万亿美元投资性资产、50%的可支配收入，财富总额约40万亿美元，占美国家庭总财富的70%左右。“婴儿潮一代”很会赚钱且热衷于消费，极大地刺激了美国经济发展。受到“婴儿潮一代”的影响，美国的个人储蓄率最低曾下降到每年不到1%的水平。强大的消费力、过低的储蓄率和以投资为主的理财观，成为“婴儿潮一代”的标志，也造就了美国股市和地产业长达十几年的辉煌。

正是在这样的背景下，麦利威瑟逐渐成长为一名华尔街精英。多年后，他将领导一支由诺贝尔经济学奖得主、华尔街数学天才组成的“天团”，堪称无懈可击，他承诺建立一个可以为投资人带来丰厚回报的基金公司。然而这一切，却都如黄粱一梦了无痕。

数学天才，华尔街之狼

麦利威瑟从小在教会学校接受教育，那里的氛围呆板，老师经常体罚学生。在这种环境下成长起来的孩子，通常会形成两个极端：要么循规蹈矩，要么离经叛道。而麦利威瑟则发展出“外顺内逆”的性格，颇有东方“外圆内方”的风骨。他之所以会这样，或许是因为他骨子里叛逆，但是却热爱一门非常孤独的学科：数学——这让他鲜少与人发生争端。

据麦利威瑟的同学回忆，青年时的他情商就极高，很擅长用表面的淡定来掩饰内心的波涛汹涌。这一性格，体现在麦利威瑟对赌博的喜好上。他经常下注参与棒球队的赌局，而在下注前，他一定会认真研究天气预报，把比赛当天的气温、风向等等都调查得一清二楚。假如形势对自己不利，他就不会下注。如此一来，麦利威瑟几乎在所有赌局中无往而不利。简而言之，麦利威瑟是个“胆大心细”的天生投资者。

1974年，麦利威瑟从芝加哥大学获得MBA学位。次年，他进入所罗门兄弟债券公司担任交易员。当时的所罗门，只是华尔街一家普通的债券公司，麦利威瑟更是名不见经传。事情的转机，出现在1979年6月。

1979年6月，另一家债券公司埃克斯坦主动登门造访所罗门。埃克斯坦表明来意，原来是希望所罗门出资收购自己的公司。为了增加吸引力，埃克斯坦事无巨细地向所罗门介绍了自己的生财之道，即：国库券期票套利。

二战结束前夕，美国主导建立起布雷顿森林体系。基于固定的利率，债券无利可图。1973年，完成历史使命的布雷顿森立体系瓦解，资本市场一夜之间被激活。埃克斯坦敏锐地察觉到，在这个背景下，国家发行的国库券可以做到无风险套利。具体来说，埃克斯坦发现国库券发行的期票价格总是低于现票价格，所以只要大量买入期票，卖出现票，就能套利。他们甚至还可以通过资本运作做多期票，做空现票。然而，1979年出现了“黑天鹅”事件，国库券期票价格低于现票，导致埃克斯坦出现现金流紧张，这才无奈找到所罗门，想要寻求收购。

当时所罗门的债券套利部门刚成立不久，埃克斯坦把运作原理说完，听得所罗门的工作人员一头雾水，而众人中，只有麦利威瑟一人聚精会神，完全听懂了。他认为，只要操作得当，这是笔绝对不亏的买卖。埃克斯坦公司只是因为现金流的压力，所以才把这么好的生意卖给所罗门，于是他极力争取。当时所罗门也只有2亿美元资产，一旦投资失败，很可能给公司带来灭顶之灾。麦利威瑟用自己的全部信用和身家性命作为担保，说服所罗门接过埃克斯坦的盘。几周后，这笔投资果然很成功，麦利威瑟也因此被破格提升为了所罗门的合伙人，独揽债券套利部门大权。这年，他才32岁。

“量化分析教父”

成为领导的麦利威瑟，需要搭建自己的班子。他再度陷入思考，因为他想要寻找一群特别的人，可以在华尔街开辟一条新路，实现“弯道超车”。很快，麦利威瑟发现华尔街有一个群体被“浪费”了。他们是毕业于各大名校的数学家，在华尔街做着后台的研究工作。实际情况是，华尔街那些前线的交易员，很多都没上过大学，他们赚取着丰厚的报酬；而名校毕业的研究员，却领着微薄的薪水。同样名校毕业的麦利威瑟，立刻和华尔街的数学家们惺惺相惜。他认为，数学家们利用高度量化的手段，一定可以为投资带来巨大回报。于是，他出重金挖来了麻省理工学院金融博士埃里克·罗森菲尔德（Eric Rosenfeld）、伦敦政治经济学院金融硕士维克托·哈贾尼（Victor Haghani）和麻省理工学院双学位博士拉里·希里布兰德

（Larry Hilibrand）等人，组成了无往不利的投资“天团”。

那时候电脑是非常奢侈的高科技仪器，即便能买到，也殊少有人懂得使用。麦利威瑟的“天团”，四处收集数据，然后利用电脑进行分析，得出更加优化的投资策略。在模拟价位和现实不符时，会出现“市场失灵”（Market Failure）。但随着时间推移，市场会调节回合理价位。只要抓住这个时间差，便能实现低风险乃至无风险套利。“天团”成立不久，便一举成为所罗门公司最赚钱的部门。其实，他们用的技术和今天的量化分析别无二致。在投资中，通常只要快人半步，就能占尽先机。帮公司赚大钱，交易员自然赚得盆满钵满。以希里布兰德为例，1989年的时候他的年薪就高达2300万美元。

不过，常在河边走，哪有不湿鞋。1991年，麦利威瑟手下的一名交易员在交易过程中提交了虚假信息，从而获得了未受批准的政府债券拍卖权。事情败露后，因为违反了规定，后果非常严重。麦利威瑟因为包庇下属，被公司毫不留情地辞退了。

44岁的麦利威瑟正当壮年，当然很不甘心。既然所罗门容不下他，那他干脆就自立门户。麦利威瑟想到的第一件事便是成立一支对冲基金（Hedge Fund）。它有两个特点：第一，无须在证券交易委员会登记；第二，无须公布证券投资组合。所以，和很多人理解的不一样，对冲基金非但不是“避险基金”，甚至还可能存在巨大风险。

1993年，麦利威瑟开始筹建长期资本管理公司。在他的召唤下，以前所罗门公司的旧部多数归队。麦利威瑟深知，自己在所罗门有“前科”，想要获得市场的支持，仅凭原班人马是不够的。所以，他找到了哈佛大学教授罗伯特·C. 默顿和经济学家迈伦·斯科尔斯，邀请他们加盟。当时，两人已经获得过诺贝尔经济学奖提名，后来更是在1997年获奖。

这里还有一个小插曲。麦利威瑟在募款时，曾经邀请过巴菲特投资，但是巴菲特奉行保守主义，对技巧花哨的投机始终有所怀疑，便拒绝了麦利威瑟的邀请。不过，这没难住麦利威瑟，他还是以高达30%的预期收益率，吸引了大量款项。1994年长期资本管理公司正式成立时，已经掌握了高达12.5亿美元的资金，其中包括来自不少政府的资本。

盲目自信，跌下神坛

任何人的成功，都有时代的因素。长期资本管理公司成立才两个月，美联储便宣布5年来的首次加息，债券市场恐慌，资金纷纷撤离。就连乔治·索罗斯（George Soros）的量子基金也有上亿美元的亏损。然而，长期资本管理公司却逆流而上。因为公司刚成立，手上恰有大量资本，于是出手大量买进贬值的债券。那么，他们怎么实现高回报呢？他们把手上持有的债券抵押给银行，套出现金，将这笔现金用作投资人的回报。所以，第一年长期资本管理公司的所谓“高收益”其实只是一个建立在“杠杆效应”（Leverage effect）上的假象。

不过，长期资本管理公司的营利能力确实也是惊人的。如前文所述，在公司成立的前5年里，“天团”几乎每年都能为投资人赚取高额的回报，这也是他们的杠杆能够行之有效的根本原因。如果不是碰上俄罗斯这只“黑天鹅”，或许游戏还能继续玩下去。

在长期资本管理公司溃败后，麦利威瑟逐渐淡出人们的视野。一代华尔街“量化分析教父”，就这样**黯然谢幕。麦利威瑟的故事告诉后人，永远不要认为自己的智商或决心能够战胜市场。**

第二章

财富知识

歌

一株花楸像一个涂口红的姑娘。
在小路与主路之间，
灌木丛中赤杨疏远地保持
一段潮湿而欲滴的距离。

那里有讲方言的泥花
和音高完美的不凋花，
还有那个时刻，当鸟儿非常贴近地
随着事物发生的音乐歌唱。

——爱尔兰诗人　谢默斯·希尼（Seamus Heaney）

1 一切问题在于经济

核心观点：只有改变自己的经济情况，才能从根本上扭转人生的被动局面。

1992年，美国总统大选。68岁的老布什使出浑身解数，希望争取连任，他的对手是只有46岁的克林顿。面对这个年轻人，老布什根本没有把他放在眼里。或许正是因为轻敌，导致了他的失败。没承想，克林顿突然祭出一句横空出世的竞选标语，彻底扭转了局面。标语写道："笨蛋，问题是经济！"

这一句话，可以说是彻底戳中了美国所有选民的痛点。1990年，老布什发动海湾战争，以为能凭借战争的气势，稳稳地获得连任。然而在美国民众之间，早已对持续发酵的经济不景气怨声载道。克林顿的竞选标语一出，升斗小民普遍觉得克林顿关心的是他们的钱袋子，而再也听不进去老布什的战争策略、意识形态、国际地位等等宣传。最终，克林顿获得了该年的总统大选胜利，并带领美国取得了长达十年的经济高增长。

时至如今，很多人都意识到经济的重要性，从经济入手重新研究历史，也会得出一些新的结论。比如二战，以前很多人认为这是法西斯意识形态作祟酿成的恶果。但随着研究的深入，有学者发现二战爆发与1929年的大萧条不无关系。

1929年全球陷入经济大萧条。有些人以为，遇到经济不景气，央行只要多“印钱”就可以刺激经济——这是在经济环境健康的前提下才成立的。经济环境健康，市场上有充足的投资机会而缺钱，“印钱”有助于激发市场活力。但是如果反过来，经济环境不健康，缺乏投资机会，市场上不需要钱，那么“印钱”也无济于事。所谓“大萧条”，正是后面这种情况。因为种种原因，当时全球都陷入停滞性通货膨胀（Stagflation，简称“滞胀”），各国政府均投资无门。

基于以上事实，所以当德国、意大利、日本等国家的法西斯主义抬头的时候，西方发达国家才对它们采取了“绥靖政策”（Appeasement）。一方面，它们坐视法西斯侵略周边国家；一方面，它们还投资法西斯（比如出售武器），分享“战争成果”。直到法西斯打到自己头上，英美等国才意识到问题的严重性，高举旗帜参与到反法西斯斗争中来。没有人会喜欢法西斯，英美等国绥靖政策的根本原因是和法西斯有“生意”做。但这种“做生意”的方式，无异于与虎谋皮、饮鸩止渴。了解这些后，我们更能意识到“一切问题在于经济”这个道理。

当然，除了从经济学的角度观察国际大事外，我们也要学会从经济学的角度来看待身边小事。如果留心观察，我们会发现长期经济匮乏的人通常有些共同的性格缺陷，例如：没有耐心、没有规划、没有追求、害怕吃苦、喜欢怨天尤人等。**人们只有意识到一切问题在于经济，才能从根本上扭转人生的被动局面。**

2 当代青年如何看待“资本家”

核心观点：当代青年认为，衡量一个企业家“资本感”和“爱国情”各有五个要素。走出校门后，青年对民营经济的看法，或许会有所改观。

青年是未来社会的中流砥柱，所以青年如何看待经济，会影响未来经济的走向。2021年，由青年问题专家、对外经济贸易大学青年发展研究院院长廉思教授牵头，在全国高校大学生中开展了“当代青年对民营经济的政治认知度调查”。

调查报告用“资本感”和“爱国情”两个指标来评价当代青年眼中的企业家。企业家“资本感”得分越高，则表明在青年人眼中的“资本家”形象越明显；得分越低，则表明在青年人眼中的“实业家”形象越鲜明。企业家“爱国情”得分越高，则表明在青年人眼中的“爱国情怀”越浓厚；得分越低，则表明在青年人眼中的“爱国情怀”越平淡。下面我们来看看具体数据。

调查显示，“资本感”得分最高的前五名分别是：马化腾、程维、柳传志、黄峥和许家印；“爱国情”得分最高的前五名分别是：曹德旺、任正非、刘强东、雷军和董明珠。

当代青年认为，衡量一个企业家“资本感”最重要的五个特征分别是：

一、形成行业垄断、打压中小企业发展；

二、偷税漏税；

三、在经营中谋取暴利；

四、从事资本运作/金融类等虚拟经济；

五、高杠杆率，资不抵债。

而衡量一个企业家“爱国情”最重要的五个特征则分别是：

一、在产品价格上优待国内消费者；

二、严守数据安全，不把国内数据传到国外；

三、在国内交税比在国外交税多；

四、不在国外上市；

五、没有外资大股东。

基于以上的认知，当代青年对中国民营经济发表了以下六点看法——

一、认为**大型民营企业提高了中国的国际竞争力**：38.96%完全同意，49.18%比较同意，10.85%不太同意，1.01%完全不同意。

二、认为**对于民营企业历史上的不合规行为，应该坚决“倒查”**：51.25%完全同意，38.35%比较同意，9.56%不太同意，0.84%完全不同意。

三、认为**国家对民营企业应进一步加强监管**：48.50%完全同意，42.96%比较同意，7.95%不太同意，0.59%完全不同意。

四、认为**大型民营企业所有者应具备更高的道德水准**：31.25%完全同意，49.50%比较同意，17.13%不太同意，2.12%完全不同意。

五、认为**民营经济发展越好，越有利于实现共同富裕**：24.56%完全同意，54.88%比较同意，18.52%不太同意，2.04%完全不同意。

六、认为**民营经济未来有一天会消亡**：14.76%完全同意，28.88%比较同意，39.48%不太同意，16.87%完全不同意。

调查发出的有效问卷共7953份，针对的是全国在校大学生，其中专科生占16.01%，本科生占74.02%，硕博生占9.97%。等这些青年踏入社会，或是从事商业、创业，乃至成为民营企业家后，不知道他们关于以上问题的认知是否会发生改变。

3 投资的“保守主义”与“经验主义”

核心观点：保守主义投资者一方面拒绝过高回报，一方面应该了解自己对财富的承载能力。

曾经有个这样的思想实验：悬崖上立着一块摇摇欲坠的木板，一个年轻人和一个老年人站在木板的两端，只能救其中一个，另一个会死亡，应该救谁？年轻人和老年人不仅是两条生命，同时也象征了两种人类最珍贵的价值——年轻人代表希望，老年人代表经验。所以，这个思想实验不仅是两条生命的选择，同时也是两种价值的选择。做出怎样的选择，代表信仰什么价值。其实，当我们在面对财富的时候，亦无时无刻不在这两者之间做着选择。而**一个保守主义投资者，总是倾向于相信经验的力量。**

世间万物始终在变化，尤其是工业革命以来，人类的科技一直在飞速发展。然而，有什么东西是亘古不变的吗？恐怕唯一的答案就是人性。基于此，才有了“别人恐惧的时候我贪婪，别人贪婪的时候我恐惧”的名言。保守主义哲学研究者刘军宁在他的著作《投资哲学：保守主义的智慧之灯》中曾这样写道：“人在本性上不仅有其有限的一面，每个人的人性中也都有追求无限的一面。这也是由人的本性决定的。对许多人来说，对知识与财富的追求，对权力与利益的追求，甚至对卓越与不朽的追求都是没有止境的。”

投资者要经得起诱惑，必须有保守的精神，以及累积相当的经验。如果有人告诉你，眼下有个可以一本万利的投资机会。你的第一反应应该是理性地告诉自己，世上所有的投资都存在风险，不可能“一本万利”。然后，回归到过往的投资数据中寻找经验。如果社会总体财富的增长率为6%，那么理论上你的投资收益就应该在6%，因为高于6%的回报并不是社会财富增长带来的，而是从别人口袋里赚来的。那么，既然你有可能从别人口袋里赚钱，别人也就有可能从你口袋里赚钱。换言之，**超出社会总体财富增长的投资回报是零和博弈的结果。**树立了这样价值观的投资者，是不会贪心的。

保守的人还有一个特点，那就是持之以恒地对自我保持警惕心。保守的投资者会不断扪心自问：**我能够承载多少财富？**追求财富是无止尽的，但不是每个人都能承载巨额财富。很多时候，财富会成为压垮一个人的难以承载之重。即便自己能够承载巨额财富，那么自己的后代呢？富二代败家的例子屡见不鲜，创富者或许也是有责任的。不少富裕人士采用家族信托传承财富，本质上是为后人减少财富带来的巨大压力。

芒格曾描述他和巴菲特的处世哲学，他说：“我们从来不试图成为非常聪明的人，而是持续地试图别变成‘蠢货’。”拒绝变成“蠢货”的法宝，正是保守主义和经验主义。

4 做好财富战略规划

核心观点：财富不是毛毛雨，不会从天而降，它是一系列战略规划和努力的成果。

战略（Strategy）是个颇为复杂的词汇，关于它的定义起码有上百种说法。不过毋庸置疑，战略的原意肯定来自战争，它的词源是希腊语“strategos”，指的是“军事将领”或“行政长官”。于是或许可以说，战略指的是战略规划者心中的一套成熟想法和思维模式。

财富不是毛毛雨，不会从天而降，它是一系列规划和努力的成果。所以，我们切不可只盯着创富者取得的成果，这样做容易愤愤不平，出现“仇富”的不良心态。我们应该分析创富者在创富过程中做了怎样的规划，研究他们的创富路径，不仅学习他们的经验，更要吸取他们的教训。这样做即便没有获得金钱，也累积了财富。

同时，我们不能空有战略，必须意识到规划比战略本身更重要。加拿大管理学家亨利·明茨伯格（Henry Mintzberg）在《战略规划的兴衰》一书中说：“规划过程不会给公司带来预期的战略。因为企业家的脑海中已有了战略规划的内容，即他对公司未来的预测。这也正是激励公司首先进入金融市场的动力。不过，只有规划过程才能将这些构思中的战略清晰地表达出来，并且对其进行合理的解释和精心的阐述。”

把明茨伯格的这段话换到个人身上也是同样道理。每到年关，新年伊始，很多人喜欢做年度目标，但是时光荏苒，到年底回顾，却发现完全没有按照原定目标过完这一年——这种情况相信多数人都遇到过。为什么会这样？就是因为缺乏规划。

举个例子，比如今年你的目标是瘦10斤。那么，为了实现这一目标需要怎样的规划呢？减肥的原理实在非常简单，只要消耗大于摄入——即所谓的“管住嘴，迈开腿”——就能瘦下来，所以首先是了解自己，包括自己的BMI、体脂、体质、基础代谢等等。其次是了解自己每天或者每周能花多少时间和精力在运动上，时间多有多的战略，时间少有少的战略。最后，是把10斤的目标细化到每月、每周，乃至每天。总而言之，减肥和财富积累一样，都是没有捷径的，所以永远不要相信药物减肥，那是懒惰思想在作祟。只要摒弃一劳永逸的观念，减肥其实并不困难。而减肥成功之后，维持体重更是一场要持续终身的持久战。减肥是这个道理，戒烟、戒酒、赚钱、存钱等等，所有的事都万变不离其宗，无一不是战略规划的结果。这些良好的习惯，都是我们终身受用的宝贵财富。

很少有人不想取得成功，很少有人不想累积财富，而大多数人之所以得不到，只是因为缺乏战略规划。战略规划是门很专业的学问，相关书籍和理论很多，没有陈规定势，此处无法一一展开论述，但绝对值得花时间钻研。

5 如何设定财富目标

核心观点：一个可实现的目标应该符合“SMART”原则。

当我们萌发想要累积财富的心愿之后，该如何将它变成可实现的目标呢？这时候，彼得·德鲁克的名著《管理的实践》一书中所提出的“SMART”原则可以帮助我们。“SMART”分别对应五个英文单词，以下展开解释：

S：Specific，明确的。一个可实现的目标必须是明确的，而不是模糊的。比如说，“我要赚100万”是明确的，“我要有很多钱”就是模糊的。明确的目标不仅让自己的意识和行动计划更清晰，也可以让身边想要帮助你的人知道给你提供怎样实际的帮助。

M：Measurable，可衡量的。一个可实现的目标必须是可衡量的，有数据导向的，它最好是可以被画上进度条的，以便让我们每时每刻都能明确自己的付出有多少及得到了多少，这样有利于激励我们继续努力。否则的话，在进程中很容易迷失方向。

A：Achievable，可达成的。一个可实现的目标必须是可达成的，而不是好高骛远的。虽然说志当存高远，但饭要一口一口地吃。想要拿到一个博士学位，先要把小学读完，然后中学、大学一路读上去。如果目标只留于口头，那就成为没有意义的空谈了。

R：Relevant，相关的。一个可实现的目标必须是与其他资源相关的，而不是独立存在的。尤其是在当今这个高度分工的社会，追求连接的时代，必须与他人协作才能实现目标。所以，**一个目标最好是留有许多“接口”，方便其他资源对接进来。**

T：Time-bound，有时限的。一个可实现的目标必须是有时限的，而不是“总有一天会实现”的。比如说，“我要在3年内赚100万”比“我要赚100万”更加符合可实现原则。因为制定了这样的目标，你就会开始规划在接下来的36个月内应该做些什么。

“SMART”原则是德鲁克于1954年提出的概念，有效帮助了大量企业和个人提高效率。在接下来的半个多世纪里，无数人丰富了“SMART”原则的内涵，产生了更多对应：

字母	原始对应	更多对应
S	Specific	Significant（重要的）、Stretching（延伸的）、Simple（简易的）
M	Measurable	Meaningful（有意义的）、Motivational（激励性的）、Manageable（可管理的）
A	Achievable	Appropriate（适宜的）、Attainable（可达成的）、Agreed（同意的）、Assignable（可分配的）、Actionable（可行动的）、Action-oriented（行动导向的）、Ambitious（雄心勃勃的）
R	Relevant	Realistic（实际的）、Results/Results-focused/Results-oriented（结果导向的）、Resourced（资源性的）、Rewarding（奖励性的）
T	Time-bound	Time-oriented（时间定向的）、Time framed（有时限的）、Time-based（基于时间的）、Timely（及时的）、Time-Specific（明确时间的）、Timetabled（标定时间的）、Trackable（可跟踪的）、Tangible（有形的）

一个好的理论模式，必然是可以不断发展，历久弥新的。无论是想要积累何种类型的财富，金钱、学问、口碑、家风等等，所有目标都应该符合“SMART”原则。

6 对“退休”的正确理解

核心观点：只要还有债务，都不能算是真正的“退休”。

近年，在美国等地的年轻人中一场名叫“FIRE”的运动开始逐渐兴起。所谓“FIRE”，其全称是：Financial Independence Retire Early，即“财务自由，提早退休”。这场运动之所以如火如荼地在年轻人中蔓延，主要是因为在都市里生活的年轻人普遍生活压力较大，想要摆脱沉重的负担，再加上媒体经常宣传一些年纪轻轻就“财务自由，提早退休”的成功案例，更是令人心向往之。但是，很少有人认真研究过“财务自由”和“提前退休”究竟是什么。

“财务自由”比较好理解。“财务自由”要建立在“被动收入”的基础上，亦即不需要花费时间和精力，也不需要照看，就可以自动获得的收入。多数情况下，“被动收入”属于“财产性收入”。那么，怎样才算“财务自由”呢？首先需要因地制宜地计算出个人的整体开支，**当“被动收入”占比超过整体开支的95%时，个人便达到了“财务自由”**。由此可见，“财务自由”是非常不容易实现的。

至于“提前退休”，我们先不论是否“提前”，且先看看“退休”应该如何定义。我们在这里讨论的，不是政府层面的退休（亦即由政府发放退休金的制度），因为如果是政府层面的退休，那是法定概念，就没有是否“提前”可言了。既然是“提前”，肯定是指在政府所划定的退休年龄之前，凭借个人的财产性收入获得“财务自由”

而实现的“退休”。

在讨论退休时，有个概念肯定绕不过去，即退休金替代率。它指的是，退休金收入占退休前收入的百分比。比如退休金替代率为70%，退休前工资为1万元，退休后的退休金则为7000元。想要“提前退休”的人，因为年纪比较轻，有的甚至才三四十岁，他们未来的日子比较长，要对抗通货膨胀、投资失败等的风险也比较多，所以退休金就不能比目前的工资少。那么，退休金替代率就要高于100%，甚至要长期高于110%才能有效对抗风险——这可真是太难了。

现代人的平均寿命直奔100岁而去，“提前退休”的难度与日俱增。另一点值得注意的是，人不是独立存在的个体，必须与社会发生关系，所以家人、亲属、朋友等，都有可能与自己发生财务关系，一朝负债即打回原形。退休与财富总量没有绝对关系，而是一个现金流概念。换句话说，**只要还有债务，都不能算是真正的“退休”**。不要天真地认为自己的财富足够多，就可以“提前退休”了。比如香港的“铺王”邓成波，他坐拥千亿资产，活着的时候却一直在工作[1]。“财务自由，提早退休”或许是个吸引人的概念，暗含了年轻人想要无后顾之忧“躺平”的心理。但是，这同时也是个虚无缥缈的海市蜃楼。

[1] 参见案例二。

7 垄断的五种形态

核心观点：垄断是市场竞争的必然结果，但它又会反过来破坏市场竞争。

学过历史的人都知道，资本主义发展中会出现“垄断”（Monopoly）。垄断是指资本家在一个或多个市场，通过一个或多个阶段，而达到随意调节价格与产量的效果。一般认为，**垄断是市场竞争的必然结果，但吊诡之处在于垄断又会反过来破坏市场竞争。**在如今这个高举“反垄断”大旗的时代，我们更有必要加强对垄断的了解。

垄断的第一种形态是普尔（Pool）。它可以说是垄断的萌芽状态，指的是资本家之间的一种短期联营模式，通过规定共同的价格，分配销售市场份额，比较著名的例子是1870年的芝加哥铁道公司普尔。普尔的特点是参与者必须互相信任，所以存在时间不长，一旦达成目标就会解散。

垄断的第二种形态是辛迪加（Syndicat）。它指的是多个企业联合建立的组织，这些组织无法垄断整个行业，但是可以通过联合采购等方式增加议价能力。辛迪加比普尔的黏性更强，组织也更牢固，因为企业退出辛迪加意味着要自己重新建立渠道。

垄断的第三种形态是卡特尔（Cartel）。它指的是少数资源被垄断在几家企业手中，几家企业组成联盟，可以操控市场。比较典型的例子是1924年德、法、荷、美等国的电灯企业组成的“太阳神卡特尔”，因人为降低灯泡寿命而臭名昭著。

垄断的第四种形态是托拉斯（Trust）。它实际上就是商业信托的音译，指的是以一家公司为受托人，从而兼并、控股大量同行业的上下游公司，实现企业一体化。比较著名的例子是美国的“标准石油”，垄断了从开采到销售的所有环节。

垄断的第五种形态是康采恩（Concern）。它指的是通过母公司对独立企业进行持股而达到实际支配作用的垄断，这已经是金融层面的垄断形态了，比卡特尔稳定，比托拉斯进步。各大康采恩集团也被称为“财阀”集团，如日本的三井集团，韩国的三星集团，都是其中的佼佼者。三星的分公司包含的业务，小到医疗保险，大到军火制造，真可谓无所不包。

从三井、三星等财阀的例子可以看出，垄断已经进化成非常复杂的企业物种，针对垄断的研究也层出不穷。**有人认为市场竞争会导致垄断，但也有人认为市场竞争会加速垄断的消失。**美国诺贝尔经济学奖得主米尔顿·弗里德曼（Milton Friedman）就指出：“没有政府通过关税或其他手段给与显性或隐性的支持，很少能够形成垄断。戴比尔斯钻石垄断是我们所知的唯一一个成功的垄断案例（即使是戴比尔斯也为各种反非法钻石交易法规所保护）。在自由市场中，卡特尔形态消失得会更快。”

有趣的是，风靡全球的游戏《大富翁》，其原名就叫“Monopoly”。经常玩《大富翁》游戏，会不会潜移默化地接受垄断的价值观呢?

8 为什么要容许个人破产?

核心观点：破产的目的不是为了惩罚债务人，而是为他们寻找出路。

2021年7月19日上午，深圳市民梁文锦收到了深圳市中级人民法院工作人员送达的裁定书，成为2021年3月1日正式施行的全国首部个人破产法规《深圳经济特区个人破产条例》后的“首案”。梁文锦在创业失败后，共计负债约75万元。他目前的工作每月收入约2万元。经过法院审理后的解决方案是，在裁定生效后的3年内，梁文锦夫妻除每月基本生活费7700元及一些生活必需品作为豁免财产外，其他收入均须用于偿清债权人100%本金。从媒体报道中看，由于对破产的相关细节还处于起步阶段，但无论如何，从此我们也可以申请个人破产了，这有助于一些“诚实而不幸”的创业者洗脱“老赖”罪名。然而很多人还是不理解，法律为什么要对欠钱的人采取这种看上去具有“保护性”的措施呢?

首先，市场经济是鼓励创业的，只有人们敢于创业，才能激发市场活力。但是创业有风险，甚至九死一生。如果所有的风险都需要由创业者自行承担，那么就会大大打击创业者的积极性。个人破产制度是保护个体户的一种措施，让创业者可以放手创业。

其次，个人破产制度不仅是对创业者的保护，同时也是对债权人的保护。在没有个人破产制度的时候，债权人只能不断讨债，债务人只有还钱和还不了钱两种选择，没有法律层面的协商余地。而有了个人破产制度后，债权人也可以申请债务人破产，用具有法律效力的协商方案，让债务人分期付款，或部分减免债务，总比一分钱都还不了要好。假以时日待法规更成熟，债权人或许还可以申请变卖债务人的财产用以还债，这对双方都是好事。

实际上，破产在与深圳一河之隔的中国香港早已是非常成熟的法律制度。香港个人破产的时限通常为4年，一般情况下4年期满破产会自动解除。**破产的目的，不是为了惩罚债务人，而是为他们寻找出路，令他们和家人能过上正常生活，因此破产也被称为“破产保护”**。基于以上理由，在许多情况下法庭会酌情减免债务人的债务。不过在破产生效期间，债务人会受到诸多限制。例如不能过奢侈生活（包括乘坐出租车等），不能出任专业工作（包括会计师、保险代理、公司董事等），不能自费出国旅游，不能未经报备离境，不能购买物业，借款100元以上必须披露自己的破产身份等等。但是，种种限制通常会在破产解除后恢复，给了债务人翻身的余地。

现代的金融制度与法律制度密切交织，唇齿相依。如果是尽了全力的创业者，就属于应该受到保护的“诚实而不幸”的人。在创业失败后申请个人破产，没什么不好意思的。

9 中国未来哪里有前途

核心观点：据预测，2023年中国香港将成为全球资产规模排名第一的跨境金融中心。

所谓财富素养常识，强调的是理性，也就是不凭感觉行事。所以，在日常生活中我们要养成看报告的习惯，一切判断都应该基于数据，不发无依据之语，不打无准备之仗。

2021年8月，全球知名的美国波士顿咨询公司推出了最新的《2021全球财富报告》。在序言中，作者写道："新冠疫情猝然而至，扰乱了正常的生产生活秩序，也使企业和个人重新调整战略，更能分清主次轻重。历经艰险，浴火重生后，我们才发现曾经望尘莫及的转型和蜕变并非遥不可及。"这份报告基于客观数据分析后指出："未来五年前景光明，个人投资者和财富管理机构皆有望迎来一派欣欣向荣之景。"

其中比较值得注意的是，2020年瑞士仍是全球最大的跨境金融中心。但是根据预测，"2023年中国香港将凭借整体规模优势占据龙头地位，到2025年，在中国内地强劲资金流入的推动下，资产管理规模将高达3.2万亿美元，复合年增长为8.5%"。而一直觊觎中国香港金融地位的新加坡，即便有9.1%的复合年增长速度，也只能屈居第三名。由此可见，与一些人想的不同，中国香港在未来不仅不会丧失其金融地位，反而将迎来巨大机遇。如何看待中国香港的未来，是判断人们是否有金融意识的重要指标。另外也可以看出，如果要在金融领域深耕的专业人士，很应该想办法去中国香港一展拳脚。

同时，报告亦为金融从业者指出了未来金融领域需要解决的五大客户痛点，分别是：一、产品过于复杂，应该简化表述；二、成本不够透明，应该加强披露；三、个性化服务不足，应该着重关怀；四、客户理财知识有限，应该普及金融教育；五、客户体验缺乏互动性，应该多采用线下的面对面交流，而非一味追求虚拟化。报告更指出，金融机构未来在提供服务时要警惕“七大误区”，做到“七要七不要”。

表2-1 金融领域的“七要七不要”

七不要	七要
未细分客群	有的放矢、基于需求的客群细分
交易驱动型沟通	沟通驱动型体验
客户经理各自为战	一站式银行服务
产品导向型互动	客户主导的解决方案
客户经理驱动的被动决策	想客户所未想
纯人工方式	集人力和数字化之长的仿生模式
将新生代的忠诚度视为理所应当	主动赢取新生代客户的忠诚度

当我们阅读这类报告的时候，都会得出自己的结论，得出什么结论不是最重要的，结论相左可以讨论。而重要的是，**我们不应该无依据就得出结论，也不要花时间做无依据的讨论。**有的人在一起是相互加分的，有的人在一起是相互损耗的。人的一生很短暂，我们应该多花时间与具有财富素养常识的人相处。

案例二

怎样从“鬼屋”赚钱
——“铺王”邓成波的港式生意经[1]

在香港的元朗，有栋名叫“筱庐”的三级历史建筑。“筱庐”远近闻名，皆因它被称作“香港十大鬼屋之首”。“筱庐”于20世纪40年代落成，70年代荒废。附近居民称，经常在半夜听到里面传来打麻将的声音，这是香港人尽皆知的都市传说。而“筱庐”近年进入公众视野，则是源于2016年底，有买家出资6300万港元将其购入。当时舆论哗然，因为“筱庐”毕竟是历史建筑，是谁神通广大能买下它？翻查新闻后得知，买家果然来头大，竟是香港著名的“铺王”邓成波。他能买下“筱庐”的理由，是拟将其改造成养老院。但是2021年5月，“筱庐”再次传来消息，则是以6500万港元易手。虽然土地性质仍是养老院，但却与邓成波再无关系。邓成波于该交易当月离世，他最后一次向世人展示了他的“炒铺”绝技。从白手起家，到家产近千亿，邓成波完美呈现了什么叫“港式生意经”。

从白手起家到千亿家产

邓成波出身贫寒，16岁时成为一名电灯学徒。那时候香港人口不断增长，经济飞速发展，有很多店铺需要做霓虹灯。在做了10年学徒后，26岁的邓成波终于在长沙湾开了第一间属于自己的霓虹灯招牌铺。时值20世纪60年代，香港正在成就未来“亚洲四小龙”的飞跃，

[1] 本文原载《北大金融评论》2022年第2期。

邓成波的生意也做得风生水起，单子多到接不过来。

70年代，香港政府推出一系列发展计划，在美孚等地大规模开发“新市镇”，土地价格飙升。现在的很多香港富豪，都是借了那时的东风大量累积财富，邓成波也不例外。邓成波首次尝到地产的甜头，是炒卖西环一带的楼花，“空手套白狼”赚了第一桶金。

“楼花”即“预售楼”制度，是1953年知名港商霍英东的一项金融创新。如今，这种制度已被广泛使用。然而在20世纪70年代，敢于投资“楼花”是需要勇气的。无论如何，邓成波的投资成功了。在接下来的日子里，随着1984年《中英联合声明》签署，香港的土地供应受限，房价一路高企，屡破纪录，邓成波靠炒卖物业累积了近70亿港元的财富。

不过，没有人的商业之路是一帆风顺的。1997年，邓成波决定将其物业公司上市，却撞上亚洲金融风暴，股市、楼市均大跌。邓成波遂取消上市计划。他赔光了所有身家不说，还负债40亿港元。而香港的楼市下滑没有停止。邓成波投资的物业，都是利用杠杆借贷买入，还款压力大，对现金流的考验严峻。从1997年一直到2003年，邓成波可谓陷入绝境。他不断亏损，变卖手上的物业资产，以求撑住现金流。

值得庆幸的是，第二任特首曾荫权上台后，开始严格限制土地供应，香港楼市终于绝处逢生，开始回暖。2004年，邓成波以4亿港元卖出旺角电脑中心，营利3.4亿港元，缓过一口气。然而，邓成波的这个决定实属无奈之举。因为从1991年以6000万港元购入旺角电脑中心开始，他每月能从租金中获利280万元，这能为他提供稳定现金流。

经历过亚洲金融风暴和“非典”后的邓成波，已经接近70岁高龄。他不甘心得过且过，依旧在物色投资机会。2010年，香港政府推出工厦活化政策，邓成波再度看到商机。所谓“工厦”，即工厂大厦。二十世纪六七十年代香港工业发达，在各区都兴建了工厦。但随着八十年代制造业转移到内地，大多数工厦空置。为了重新利用，特区政府推出活化政策，把老旧的工厦重新装修改造，成为写字楼。时至如今，香港仍然随处可见活化中的工厦。有的工厦一经翻新，售价和租金就可以成倍上涨。

邓成波四处搜罗工厦，向政府申请活化，然后拆租或出售。据报道，高峰时邓成波持有超过200个商铺、工厦等单位，总值超过730亿港元，是名副其实“铺王”。到去世为止，2021年邓成波以47.5亿美元财富位列“福布斯中国香港富豪榜”第19位。

不甘做“收租佬”，二代冀转型

邓成波是典型的香港“富一代”，迈入古稀之年后，他就开始思考传承安排。或许意识到单纯炒卖房地产风险高且比较虚，邓成波在晚年已亲自部署家族企业转型。他先后涉猎的行业有酒店、餐饮、公寓、养老、教育等等。邓成波有6个孩子，全是儿子，第一任太太生了邓耀宗、邓耀文、邓耀辉，第二任太太生了邓耀邦、邓耀升，另外他还有一名红颜知己生了邓耀鸿。邓成波选定接手主要家族生意的，是五子邓耀升。

邓耀升1986年出生，因为邓成波人称“波叔”，而邓耀升是父亲“钦点”的接班人，所以人称“波仔”。邓耀升颇有野心，虽然父亲家缠万贯，但在他眼中，父亲一生的事业不外乎“收租”，他希望家族生意能有所突破。和许多“富二代”的想法雷同，邓耀升希望在资本市场一试身手。首先，邓耀升入主了一间上市公司，借父之名，其股价大涨30%，不过很快败下阵来，沦为“仙股[1]”。其次，邓耀升还看好养老行业，买下全港三大养老上市公司之一的“松龄护老集团”，准备在内地高端市场大展拳脚。这就是文章开头，邓成波家族买下“筱庐”的背景。除此之外，邓耀升还和父亲共同创办了“陞域集团”，统筹家族企业的物业。以上三项大手笔的“创业”都发生在2015年。由此可见，这一年是邓成波全力“扶太子上位”的一年。可惜，事情的后续发展并不尽如人意。

2015年的时候，内地游客来港十分畅旺，每年有超过4500万人次。邓耀升认为酒店业会是未来很有前景的行业，遂在2017年、2018年购入大量酒店资产。根据他的规划，借助酒店业，陞域集团可于2021年上市。然而，随着2019年香港发生修例风波，2020年又因疫情，来港游客锐减，酒店市场一落千丈。酒店几乎没有营利，邓成波眼见家族企业又陷入亚洲金融风暴时“拆东墙补西墙”的窘境。

2019年，年逾80岁的邓成波不顾摔伤初愈，再度出山试图拯救家族企业。邓耀升以105万港元租来的旺角亚皆老街31号物业，本打算开酒店，被邓成波转租，每月营利50万港元。2020年，邓耀升斥资3亿港元买下旺角酒店，已付订金3000万港元，却被邓成波强行叫停，宁可不要订金取消交易。此外，邓耀升的多个养老项目也被邓成波叫停，这也就是文章开头邓成波家族易手“筱庐”的背景。不过，邓成波最终在2021年5月去世，享年87岁。从此以往，这个家族再也没有邓成波这位“掌舵人”了。

---

[1] “仙”（仙：cent）的音译是香港人对英语“cent”（分）的译音。仙股就是指其价格已经低于1元，因此只能以分作为计价单位的股票。

世上再无邓成波

邓成波去世后，其家族生意未见起色，仿佛失去了以前擅长抓住房地产机会的企业基因。2021年6月，邓氏家族以1.2亿港元出售荃湾立坊商场。接手的业主持有4个月后转卖，获利2280万港元，增幅达19%。2022年1月，邓氏家族以4700万港元沽出观塘美德工业大厦底层单位，6年净亏损1000万港元，亏幅达21%。当然也有好的消息，例如邓氏家族卖出荃湾乐悠居商场，就获利2.9亿港元。不过，邓氏家族频频传来抛售旗下物业的新闻，估计是因为疫情之下，物业收入锐减，而贷款还款则维持不变，要缓解现金流压力的无奈之举，“群龙无首”的邓氏家族前景堪忧。

邓成波的一生，是“富贵险中求”的一生。邓成波的价值观很传统，一生以“高瞻远瞩、刻苦勤俭、审时度势、随机应变”的16字哲学要求自己。他也曾公开表示，自己赚钱的动力就是要留给儿子们花。据说邓成波在去世前的最后半年里，还在利用自己的人脉、信誉等四处周转，向银行二次甚至三次抵押名下物业。这样做，显然是为了帮助儿子渡过难关。但是万万没想到，财务危机尚未化解，邓成波就撒手人寰了。

或许等疫情好转之后，邓氏家族能够迎来转机。但问题在于，疫情反反复复，他们能否撑到曙光来临的那一天，再创辉煌呢？我们还要拭目以待。如果邓成波一生的心血就这样被耗尽，相信他在天之灵亦会悲恸不已。

邓氏家族的故事，不仅是老一代香港创富者的故事，也是华人家族财富传承的缩影，更是香港这座城市独一无二房地产市场的典型呈现。世上没有第二个“波叔”，而整顿房地产市场不健康现状后的香港，未来也绝无可能创造第二个“波叔”。

第三章

财富身份

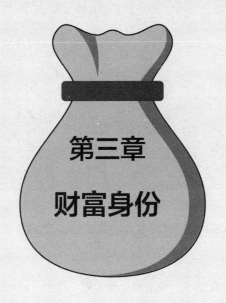

星的道德

注定走向星的轨道上面，
星啊，黑暗跟你有什么相干？

快乐地穿过这个时代行驶！
愿它的悲惨跟你无关而远离！

你的光辉属于极远的世界，
对于你，同情也该算是犯罪！

你只遵守一诫：保持纯洁！

——德国哲学家　弗里德里希·W. 尼采（Friedrich W. Nietzsche）

1 身份与认同

核心观点：从“像个有钱人”到“是个有钱人”，拥有一张“没有被欺负过的脸”。

人生在世，都要思考三个问题：我是谁？我从哪里来？我到哪里去？有人想明白了，过得有目标感；有人想不明白，过得浑浑噩噩。那么，我们到底是谁呢？为了研究这个问题，波兰裔英国心理学家亨利·塔菲尔（Henri Tajfel）做了这样的实验：

第一阶段——塔菲尔从英国布里斯托尔市找来16名14—16岁的少年，随机分成两组，每8人一组。16名少年一起看电视，电视上播放着无数黑点。塔菲尔要求少年们在纸上写下黑点的数量，公开告诉他们：你们中有人喜欢高估而有人喜欢低估。

第二阶段——塔菲尔将少年带入房中单独谈话，告诉每一个人他被分到高估组或低估组。这个答案实际上是随机的，因为连塔菲尔自己也没数过电视上的黑点数量。而为了实验效果，每个少年都不知道其他人被分到哪一组。

第三阶段——实验正式开始，16名少年被要求在答卷上回答三道问题：

一、少年被要求回答这次实验自己该拿多少报酬。有1—10元10个选项；

二、少年会收到一个匿名而只标有代码的高估组成员问卷，例如

“第5号实验者–高估组”，被要求回答此人该拿多少报酬，少年获知这一回答不会影响自己的报酬；

三、少年会收到与第二条类似的问题，被要求回答一名匿名低估组的人该拿的报酬。

实验结果出炉，塔菲尔发现几乎所有人都会给自己同组的人远高于敌对组的人的报酬。塔菲尔认为，**人性如此容易被操控分成“我方”和“敌方”，并且毫无理由地帮助“我方”**，即便所谓“分组”根本是胡编乱造也从未考证的，何况自己完全不知道“战友”是谁，“敌人”是谁，只凭一个代号，人性的“敌我意识”和“团体认同”就能萌生出来。

这个实验是塔菲尔于1970年进行的。随后，他将其发展成一套著名理论，即于1979年提出的“社会认同论”。而实际上，我们每个人每时每刻都处于身份认同的不同状态，或捍卫，或拒绝，或搜寻，或游移，或坚定……不同的身份鉴定，会变成不同的身份标签。这些标签，继而形成个性、信念，以及气质、表达。

所谓“财富身份”，指的是思考自我与财富的关系。改革开放四十多年，很多人有钱了，从一开始的“暴发户”“土包子”，到开始意识到自己应该表现得“像个有钱人”，注重自己的修养，这是种进步。然而，**“像个有钱人”和“是个有钱人”之间还是有距离的。**“是个有钱人”到底是什么模样呢？或许画家陈丹青的描述最为准确，就是拥有一张“没有被欺负过的脸”。这是需要长期甚至数代人的积累才能达到的。

2 中国人的“君子人格”

核心观点：“君子人格”是中华民族特有的气质，独有的精神财富，应该发扬光大。

所有伟大文明都为人类贡献了独特的人格形象，如英国的绅士、法国的贵族、美国的牛仔、日本的武士等等，不一而足。那么中国呢？毫无疑问，肯定是君子。君子是儒家最为推崇的人格，它与“小人”相对。在“君子”概念产生的初期，它是对有地位有财产的上层阶级的统称，而“小人”则是无地位无财产的下层阶级。

所谓“人格”，分为内在和外在两个层面。内在的，体现为道德品质、三观等要素；外在的，体现为待人接物的种种言行。在“至圣先师”孔子看来，君子人格是最理想的人格，而且这并不取决于经济地位。那么，君子人格体现在哪些方面呢？

第一，对天下怀有仁爱，所谓**“仁者爱人”**。儒家很早就意识到人是不可以“独活”的，讲求对应的关系。在传统社会，对家人、宗亲、朋友等等，都要以“仁”相待。发展到现代社会，对同事、上级、顾客等也是一样。“仁”的境界，可以通过“礼”的训练来达到，所以“克己复礼”很重要。有道是：“何以去慢哉？唯常作揖耳。”一个见人就主动打招呼、鞠躬行礼的人，久而久之，便自然会在内心生发出“仁”的心境。

第二，对自己严格要求，所谓**“穷则独善其身，达则兼济天**

下”。和当代理解的“穷”不同，这里所说的“穷”并不是没钱，而是指没有出路，和“穷寇莫追”的“穷”是一个意思。当一个人没有出路的时候，也不能放弃自己，要严于律己，养成良好的生活习惯，不给他人添麻烦。一旦有能力攀上社会流动的阶梯，成为社会上流，更要心怀天下，为社会做有益的事。所以，无论“穷”还是“达”，都要用君子的标准来要求自己。

第三，遇到考验能守住底线，所谓**“狂者进取，狷者有所不为”**。在这个追求“更高、更快、更强”的时代，具备“狂者”之气的人很多。但是，却殊少有人强调守住底线的“狷者”之气。比如用权力交换利益，“狷者”必会断然拒绝。新闻媒体过往比较喜欢宣传“狂者”，激励人们“进取”，而忽视了对“有所不为”的“狷者”的宣传，今后应该在这方面多做工作，让人们知道守住底线的人也是值得崇敬的。

君子人格与金钱没有直接关系，却是最值得我们发扬光大的。理由无他，只因为这是我们中华民族特有的一种人格，是我们独有的精神财富，也是让我们有别于世界其他民族的独特气质。尤其是有钱了以后，更应做个君子，才不会遭人鄙夷。

3 恻隐心与羞耻心

核心观点：恻隐心与羞耻心都是值得提倡的，但是发展过头了会物极必反。

“恻隐之心”在儒家经典《孟子》中出现了两次。一次是《告子上》：“恻隐之心，人皆有之。”一次是《公孙丑上》：“恻隐之心，仁之端也。”这一方面是说，只要是个人都有恻隐心；一方面也是说，有了恻隐心就能继而发展出儒家最重视的“仁”德。

根据孟子的说法，在路上看见老人摔倒了上去扶一把，这属于人的天性。而当今社会有些“不（敢）扶老人”的新闻出现，这是社会性的因素阻碍了人们施展天性。

而“羞耻之心”同样是儒家所提倡的。《中庸》里记载孔子曾说过：“好学近乎知，力行近乎仁，知耻近乎勇。”这里说的“勇”，指的是“勇于改过”。一个人只有具备羞耻心，意识到自己的不当行为是可耻的，才会加以改正。可以说，**恻隐心和羞耻心都是值得提倡的，但是发展过头了会物极必反**，日本的企业文化就是个反面案例。

二战结束后，西方学者对日本这个战败国产生浓厚兴趣，进行了大量研究，推出不少专著，其中最负盛名的，可能是美国文化人类学者鲁思·本尼迪克特（Ruth Benedict）于1946年出版的《菊与刀：日本文化的类型》。在这本书中，本尼迪克特提出了日本的“耻感文化”这个概念。

日本经济在20世纪60年代起飞，到80年代一跃成为全球第二大经济体，最风光时甚至把美国的帝国大厦都买了下来，《时代》杂志封面让自由女神像都“穿”上了和服。不过转眼来到90年代，日本经济却像走进了“死胡同”一样，连续30年低迷不振。人类经济学家能想到的所有刺激经济的方法，日本人都用了个遍，还是不奏效。日本这个“疑难杂症”，遂成为经济学家争相研究的对象。某日，有人把本尼迪克特半个多世纪前写的《菊与刀》找了出来，两相对照，似乎找到了日本经济一蹶不振的症结所在。

日本经济在20世纪90年代下行，很多企业效益不好。可是日本老板耻于解雇员工，宁可亏本也要为员工养老送终。而现代企业的精神在于，不良企业应该趁早关闭，释放资源给优良企业，形成人员与资本的流动。但在日本，不盈利的“僵尸企业”多如牛毛，严重阻碍经济发展。受“耻感文化”影响的人们还夸“死撑”的老板重情重义，这更令老板们骑虎难下。

不得不说，日本的“耻感文化”，非常不符合现代企业精神。创业有风险，失败了并不可耻。过于照顾个人的“耻感”，有时候是以牺牲社会发展为代价的。如果你经营的企业实在撑不下去了，应该及时另谋出路，不必惧怕人言可畏。

4 “贵族”的合法性来源

核心观点：贵族的合法性来自血缘，祖辈靠浴血沙场，后辈靠“滴血认亲”。

“贵族”是一个并不陌生的名词，常见于各类媒体报道中。然而，真正的贵族距离普通人非常遥远。尤其对中国人来说，贵族断代起码超过100年。自从推翻清朝政权，所谓的贵族便不复存在。然而，这并不妨碍人们持之以恒地找寻真正的贵族。在欧洲（尤其是法国），同样有一群人追寻着贵族的传统，并形成了一套价值观体系。

法国索邦大学历史学教授埃里克·芒雄-里高（Eric Mension-Rigau）在其著作《贵族：历史与传承》中，为我们展现了一群“永不言弃”的贵族后裔。

贵族是封建君主制的产物，其严格意义上的认证仅来自君主的“盖章”。目前全球实行君主制的国家仍有30多个，比较知名的有英国、日本、泰国、丹麦等国家。在这些国家，贵族身份仍旧来自君主“盖章”。然而像法国这种没有了君主的老牌欧洲国家，贵族这个身份就显得模棱两可且耐人寻味。

法国1789年爆发大革命，不仅把君主送上了断头台，也断送了贵族之路。有君主的时代，君主说你是贵族你就是。但没有了君主，法国贵族的后裔要如何获得“合法性”呢？文化传统，遂成为新的认证。于是一件有趣的事情发生了，整个19世纪，法国有超过20万贵族加入到各种历史和考古研究的学术团体中。他们的初衷是为了“上穷碧落下黄泉”地寻找自己是贵族的证据，但出人意料的是，这意外地推动了历史学和考古学的发展。这些贵族后裔的家中，往往收藏了许多古董，以证明其先祖是正统受封的贵族，立过赫赫战功。

《贵族：历史与传承》一书中提到，在第二次世界大战期间，法国大约有800名贵族参战，其中三分之二阵亡。祖辈的流血牺牲，是贵族最光荣也最能挺直腰杆的“合法性”来源。

然而随着传统的式微，难免有越来越多“新富”以为有钱就能成为贵族。“新富”会购买落魄贵族的城堡，以彰显其重新建构的“合法性”。整个19世纪，贵族城堡被大量卖出。

但进入21世纪，随着基因检测技术的发展与普及，贵族的“合法性”有了新的验证方法，全球有不少网站（如ancestry.com、archives.com、geneanet.org等）都能提供类似服务。起初它们多数只是帮助客户编写族谱的机构，后来日益壮大，成为基因检测机构，提供为客户追溯祖源服务。这种“滴血认亲”的方式，让真正的贵族“贵”得心安理得，再也不需要标榜其他要素了。

5 卖掉城堡还是“贵族”吗?

核心观点：贵族的财富不是有形的城堡，而是无形的姓氏、荣耀、担当及其他。

说起汉诺威家族可谓如雷贯耳，鼎鼎有名的大英帝国女王兼印度女皇维多利亚便来自这个家族，整个家族统治英国将近200年时间。然而风水轮流转，汉诺威家族最近一次进入公众视野，却是2018年家族后裔恩斯特·奥古斯特·鲁道夫（Ernst August Rudolph，以下简称“小奥古斯特”）以1欧元变卖城堡被生父状告。

汉诺威家族目前的首领是恩斯特·奥古斯特五世（Ernst August von V of Hannover，以下简称“老奥古斯特”），他的太姥爷威廉二世（Wilhelm II）是德国的“末代皇帝”。他继承了1.5亿欧元财产，以及位于德国、奥地利的万顷土地、森林、数座城堡和大量稀世珍宝。由于老奥古斯特生性放浪不羁，之前结过两次婚，第三次更是因为迎娶天主教徒妻子，失去了英国王位的继承权。但是，老奥古斯特即便踏入第三段婚姻，仍然让人不省心。2004年，妻子和老奥古斯特闹离婚。经历前两次打击的老奥古斯特，看着已经长大成人的儿子，于是便把所有财产都转给了小奥古斯特。

小奥古斯特1983年出生，21岁那年突然收到价值上亿欧元的财产，出人意料的是，他并不为此高兴。所有财产中，最昂贵的是位于汉诺威的马林堡城堡，城堡始建于1858年，被誉为“将睡美人唤醒的城堡”。因为年久失修，小奥古斯特接手时运营成本保守估计也要2700万欧元。为了保护家族财产，小奥古斯特也是殚精竭虑了。他甚至在城堡中举办过展览，赚取门票，但效果不佳。无奈之下，他只好通过苏富比拍卖行变卖家族艺术藏品，获得4400万欧元。小奥古斯特本身是名银行家，无论怎么算，这笔账都划不来，于是才在2018年，他35岁这年痛下决心，与政府联合成立基金会，以1欧元的象征性价格，将连同城堡在内的所有财产“借”给政府保管。实际上，就是把所有家族财产都“捐”给政府了。小奥古斯特感到无比轻松，长舒一口气。2019年，他在接受采访时表示，自己当年根本不知道父亲给他的财产原来是一笔如此沉重的“债务”。

近年来，越来越多的欧洲贵族因为类似理由变卖城堡，有人在不明就里的情况下买下，却负担不起城堡高昂的运营成本。人们不禁想问，失去城堡的贵族还是贵族吗？或许数十年、数百年过去后，贵族们能留下来的实物财产会越来越少。到时候人们才会明白，**真正有价值的财富其实是那些无形的东西**，比如口口相传的先辈故事，与众不同的家族姓氏，身为一名贵族与生俱来的荣誉感，以及为国分忧的担当等等。有朝一日失去了这些，那么贵族就真的不复存在了。

6 暴得大名怎么办？

核心观点：如果想要把名声变成财富，最好的办法是让自己配得上它。

很多人都希望出名，名声确实是财富的一种。尤其是互联网时代，出名变得更加容易。美国波普艺术家安迪·沃霍尔（Andy Warhol）曾说过一句名言："在未来，每个人都有成名的15分钟。"这个预言看来是灵验了。然而，暴得大名真的是件好事吗？

"暴得大名"这个成语，出自北宋司马光所著的《资治通鉴·卷八·秦纪三》，里面有这样一段记载："陈婴者，故东阳令史，居县中，素信谨，称为长者。东阳少年杀其令，相聚得二万人，欲立婴为王。婴母谓婴曰：'自我为汝家妇，未尝闻汝先世之有贵者。今暴得大名，不祥；不如有所属。事成，犹得封侯；事败，易以亡，非世所指名也。'婴乃不敢为王，谓其军吏曰：'项氏世世将家，有名于楚，今欲举大事，将非其人不可。我倚名族，亡秦必矣！'其众从之，乃以兵属梁。"——陈婴有位明事理的好母亲，她凭朴素的常识，劝儿子不要冒进，结果陈婴率队投靠了项羽。后来的事我们都知道，项羽霸王别姬，败死江边。陈婴降汉，封楚元王丞相，功臣排行第86，得善终。

陈婴的母亲虽然并不知道保守主义是什么，但价值观和保守主义是一致的。陈家世代没有出过王公贵胄，所以陈母觉得儿子承担不起自立为王的盛名。而陈婴也很聪明，非常有自知之明，知耻近乎勇。可以想象，如果陈婴一味求名，不惜与天下为敌，必当死无葬身之地，下场比项羽还惨。由此可见，名声可能是“资产”，也可能是“负资产”。

按芒格的说法，必须拥有“普朗克知识”，而非“司机知识”。什么意思呢？1918年量子力学创始人马克思·普朗克（Max Planck）获得诺贝尔物理学奖后，受邀到德国各地演讲，场场内容大同小异，听得司机都背熟了。有一天司机说：“普朗克教授，我们老这样也挺无聊的，不如这次到慕尼黑让我来讲，你戴着我的司机帽子坐在前排，好吗？”普朗克说：“好啊。”司机走上讲台，就量子力学发表了一通长篇大论。有个物理学教授站起来，提了一个非常难的问题。司机听了很镇定，回答道：“真没想到会在慕尼黑这么先进的城市遇到这么简单的问题，我想连我的‘司机’都能回答。”

芒格说：“我认为这个世界的知识可以分为两种，一种是‘普朗克知识’，它属于那种真正懂的人，他们付出了努力拥有那种能力。另外一种就是‘司机知识’，他们掌握鹦鹉学舌的技巧，他们可能有漂亮的头发，他们的声音通常很动听，他们给人留下深刻的印象，但其实他们拥有的是伪装成真实知识的‘司机知识’。”所以，**如果想要把名声变成财富，最好的办法是让自己配得上它。**否则今天捧你上天的，明天就会把你摔在地上。

7 如何制定“家族宪章”

核心观点：家族宪章的普及，是中国财富传承步入专业化、正规化的标志。

在《钱的第四维：财富的保值与传承》中，我们介绍了不少有助于财富传承的法律及金融工具，这些主要是针对有形财富而言的。而**一个家族中，除了有形财富外，还有不少无形财富，或称为精神财富。**有形财富和无形财富要如何搭配传承呢？这时候就要用到“家族宪章”。

家族宪章是一份用来载明家族成员的相关权利义务的文件，如果配合法律及金融工具，就可以使它产生约束性。家族宪章可以包含以下9个部分：

1．序言。包括家族奋斗史、创富故事等，用以激励族人，感怀家族财富来之不易。

2．家族成员的范围和族谱。这方面可以根据个人情况而定，有些比较传统的创富者会只认血缘，甚至将配偶排除在外，主要是担心子孙在离婚时配偶会分走家族财富。尤其值得注意的是，我国和其他很多国家的《婚姻法》规定，配偶离婚或丧偶享有财产的**“应留份”**。而有些开明的家族，也会把领养的孩子算作家族成员，共享家族财富。总而言之可以因地制宜、因人而异，**这是家族宪章制定者享有的权力。**

3. 家风及家训。通过制定家风、家训，配合以具体的奖惩手段，来树立与传承家族精神。比如，规定家族成员不可吸毒、犯罪等，否则会遭到除名。

4. 家族传承原则。这部分规定了家族内部的决策制度，是采用民主制，还是族长一票否决制等。尤其是家族在传到几代之后，通常人员逐渐增多，决策会变得越来越复杂。家族宪章制定者也可以规定其身后家族族长的产生办法。

5. 家族教育制度。对后代的教育及创业进行规定，鼓励学习，形成家学。

6. 家族企业治理。对家族企业的运营、管理、控制权等基本原则进行规定，这部分要配合公司的章程、议事规则、组织管理制度等落实。

7. 家族信托基金。这部分是家族企业营利的分配问题，以及家族成员在诸如婚姻、教育、医疗、创业、丧葬等较大花销方面的资金安排。

8. 家族公益事业。大家族必须经营公益事业，提高家族声誉。

9. 其他个性化条款。这部分可以把家族宪章制定者个人的特殊情况考虑进去。

在没有着手制定家族宪章前，对家族的理解可能是抽象的，很多潜在的风险或许考虑不到，而一旦落实到具体的地方，很多问题就会浮现出来。家族宪章是一份有仪式感的文件，所以起草、制定、修改、签署仪式也必须是正规的。每位家族成员必须详细阅读家族宪章，并且在律师的见证下签署。**家族宪章的普及，是中国财富传承步入专业化、正规化的标志**，相信未来会有越来越多创富者开始起草家族宪章。

8 家族中需要哪些专才

核心观点：家族之道在“齐心”二字，人在一起不一定是家族，心在一起才是家族。

华人重视血缘，难以完全信任外人，这也是职业经理人制度在中国企业中比较少见的原因之一。更何况外面请来的人如果不靠谱，只知道自己捞金，甚至不惜沆瀣一气，像美国令人大跌眼镜的“安然事件”[1]那样，还不如自己人信得过。但是，现代社会分工越来越细，对专业人才的需求越来越高，要怎么解决这个问题呢？最好的办法，莫过于在家族内部培养各方面的专才，以达到“众人拾柴火焰高”的效果。

家族中需要哪些专才？第一是行业专才。一个家族通常有自己的主营业务，比如某个家族企业是化工行业的，最好家族中能出一名化工专业的博士来领军，管好家族的基本盘。

第二是金融专才。无论做什么生意，如今都需要资本的助力。调集资金，善用杠杆，管理账目等等，都极其考验专业。所以，家族中需要有一位金融专才。

第三是银行专才。银行被誉为“金融之母”，是金融领域的桂冠。银行的本质是存贷款业务，如果家族能出一位银行家，拿到一张

[1] 参见案例三。

银行牌照，会令家族事业如虎添翼。

第四是政治专才。家族中如果有从政的专才，代表家族参与国家大事的决策，这对于家族在各方面的威望都是极有帮助的，令人刮目相看。

第五是法律专才。依法治国的时代，通晓法律领域的专才，能够帮助家族做到“没事不惹事，有事不怕事”，重点在于让家族航船不至于掉入各种低级的“法律陷阱”中。

第六是教育专才。教育专才教书育人，垂范后世，为家族培养、提供源源不断的人才储配，有条件的家族甚至可以自行办学，既为家族做贡献，也为社会做奉献。

第七是军事专才。国之大事，在祀与戎，养兵千日，用兵一时，国家需要之时，能够保家卫国永远是家族成员最光荣的任务。所以，家族中有有志成为军事专才的人也很好。

第八是公益专才。华人始终相信“积善之家必有余庆”的道理，所以家族无论大与小，都要积极投身公益事业，公益是一门专业，需要专才来负责。

第九是艺术专才。温饱之后，应该要有高雅的追求，不能只是纸醉金迷。所以，家族中要在文学、音乐、绘画、收藏等艺术领域栽培专才，提升修养。

家族经营之道，在于“齐心”二字，人在一起不一定是家族，心在一起才是家族。“齐心”的家族成员，找到自己擅长并合适的位置，并且不应该拒绝为家族做贡献。个人与家族，是一荣俱荣，一损俱损的“命运共同体”。因为家族成员都会明白一个道理：**如果不肯上餐桌，就有可能上菜单。**当然，家族想要有这么多专才，前提是人丁兴旺。

9 “本土人”与“世界人”

核心观点：本土主义和世界主义不是对立的，二选一的人是伪善。

现在是一个全球互通互联的时代，虽然新冠疫情阻碍了世界在物理位移上的交流，导致出行不便，但这注定只是暂时的，全球一体化仍是无法阻挡的趋势。未来，人类只会越走越远，而绝无可能缩回原来的一亩三分地。然而，两种貌似截然相反的观点近年开始出现，那就是应该做“本土人”还是“世界人”的争论。

之所以会出现这样的争论，是因为二战之后，联合国、世界银行、国际货币基金、世界贸易组织等国际性组织的建立，全球化确实得到了长足发展，但在某些方面，的确也牺牲掉了一些全球化之外的边缘人的利益。比如，有些地方的农产品本来长期维持在一个价格高位，但加入全球化后，不得不降低价格出售，导致当地农民的利益受损。“是否反对全球化”这个议题，在部分西方国家更是吵得不可开交，世界主义（Cosmopolitanism）和本土主义（Localism）分庭抗礼、针锋相对。

其实，**世界主义和本土主义只是相对的概念，根本没必要对立来看。**以美洲大陆的印第安三大文明——玛雅、印加和阿兹特克为例，它们当时就是三个独立的“世界”。有考古学家论证，三大文明之间可能都不知道彼此的存在。但是1492年哥伦布发现新大陆之后，美洲的“世界”骤然变大。继而随着欧洲大航海时代的开启，人类的“世界”又变大了。因此所谓的“世界主义”，指的不是单纯的地理中的世界，而是人们**认知中的世界**。有朝一日人类可以移民到外星球，“世界”还会继续变大，现在的争论就显得狭隘了。

至于本土主义，则应该反过来想，无论世界多大，每个人能立足的，都不外乎脚下的那片土地，所以无论如何胸怀天下，也不能忽略对周遭的关怀。如果一个人宣称自己关心全人类，但是却连邻居家失窃了都不愿伸出援手，不得不说是种伪善。

改革开放四十多年的经验让我们明白：“只有民族的，才是世界的。”国家主席习近平强调：“中国的发展离不开世界，世界的繁荣也需要中国。”这些话在告诉我们，一个人既可以是“本土人”，也可以是“世界人”。国学大师陈寅恪先生提出“独立之精神，自由之思想”。作为当代人，立足本土，放眼世界，热爱自己脚下的土地，永远不放弃对外在世界的好奇，二者兼备，不偏不倚，不激不随，在两种看似并不兼容的观念之间找到平衡，才是真正有财富素养的体现。正如美国作家弗朗西斯·菲茨杰拉德（Francis Fitzgerald）所言：“同时保有两种截然相反的观念还能正常行事，这是一流智慧的标志。”

案例三
靠做假账创造600亿“巨无霸”公司
——美国史上最大的企业丑闻“安然案”

财务是企业的命脉之一，财务做得好，可以帮助企业更好地发展，但在财务上动歪脑筋，也可能把企业送上不归路。曾经市值高达600亿美元，在全美排名第7位，并且连续6年被《财富》杂志评选为“最具创新精神公司”的安然公司，就掉进了这个坑。在案发后的短短3个月时间内，这家“巨无霸”公司便轰然倒地，宣告破产。

公务员下海从商一展抱负

安然公司是肯尼斯·雷（Kenneth Lay）在1985年时合并了休斯敦天然气公司和联合北方公司的基础上创建起来。肯尼斯天资过人，虽然出生在美国中西部密苏里州的农村，家里务农，不算富裕，但是他通过自身不懈的努力，人生可谓一路平步青云——28岁获得休斯敦大学的经济学博士学位，30岁成为美国联邦能源委员会副主席，32岁从商，42岁担任休斯敦天然气公司董事长兼CEO。创建安然这年，他才43岁。

理论上，安然是一家非常稳妥的天然气运输公司，属于干实业的，应该折腾不出什么浪花。不过肯尼斯自认在政界和商界人脉广，想要完成一些前人没有完成过的事业。从1985年到1989年，肯尼斯带领安然一步一个脚印，成为天然气运输业执牛耳者。

事情的转变始于一个意外。有天，安然的高管发现他们的两名交易员通过利润造假来获取利益。按照常理，这两名交易员应该被公司革职，甚至遭到处罚。不过，肯尼斯对他们的操作非常感兴趣，把他们叫到自己的办公室，认真听了交易员讲述其中的细节。意外的是，他竟然还将他们做的事描述成“利润最高的业务”，鼓励他们继续这样操作。为什么肯尼斯会这么做呢？因为安然当时正面对巨大的财务压力。为什么安然会面对巨大财务压力？因为作为天然气的下游供应商的安然，每年都被逼签署“必付合约”。

所谓必付合约（Take-or-Pay Contract），指的是卖方为了向买方长期供应商品，需要作出金额庞大的专项投资，因此要求买方购买不少于议定数量的商品。如果买方提取少于议定数量的商品，仍需为少提取了的那部分商品付款，必付合约主要用于供应能源的长期合约。为方便理解，可以将必付合约理解成类似餐厅的“最低消费”机制。

但是，两名交易员的不当操作很快败露，造成安然巨额亏损。险些被牵连的肯尼斯则很狡猾，迅速把自己撇得干干净净，两名交易员锒铛入狱。不过，更大的财务窟窿令肯尼斯抓耳挠腮。他必须想办法填上亏空，这时候，他的“救星”出现了。

1990年，安然隆重宣布成立旗下子公司安然金融，并宣布由杰弗里·斯基林（Jeffrey Skilling）担任CEO。杰弗里毕业于哈佛商学院，又在麦肯锡工作多年，是名副其实的金融精英。二人在一次咨询工作中相识，很快肯尼斯就花重金把杰弗里挖到安然。

金融精英“降维打击”重振公司

杰弗里加盟安然后，迅速推翻了安然之前的营利模式。他用金融思维发动“降维打击”，把天然气合约证券化，推出“天然气银行”。之所以想到这个主意，是因为杰弗里发现买卖双方都对天然气价格的剧烈波动感到烦恼。于是，他们觉得不妨成立一间投资公司（即安然金融），和买卖双方分别签约，保证未来一段时间的天然气价格不变。安然金融提前收款，然后利用时间差进行投资，从中获取利润，而且这令普通投资者也可以参与其中。其实，这个模式有点类似“期货”。在30多年前，这无疑是一项重大的金融创新。

借助这项创新，安然金融很快成为安然集团的利润中心。安然顺利从一家天然气运输商，华丽转身成为能源金融创新的先行者。而充满干劲的杰弗里不甘于只做天然气期货交易，先后还涉猎了钢铁、塑料、木材等市场。自从杰弗里加入安然后，安然的业绩像是坐了火箭一样，一飞冲天，每年的收益率增长都能达到50%左右。于是，经过10年的运作，安然创造了本文开头所说的那些辉煌成就，也为投资者带来了丰厚的利润。也正是在这10年当中，安然这件光鲜的裘袍内部，爬满了见不得人的虱子。

话说杰弗里在加入安然的时候，还带了一名得力助手，名叫安德鲁·法斯托（Andrew Fastow）。安德鲁毕业于西北大学，是财会专业的。安德鲁加入安然后，改变了安然的“历史成本原则”记账方式，采用按市值计价（Mark-to-Market）。它又被称为公允价值（Fair Value），指的是基于市值或其他客观标准决定的公允价值，对资产或负债进行计价。简单来讲，如果签了一份合约，预计未来5年营利能有10倍的话，就可以把未来5年的10倍利润都算作今年的利润。这样做的一个前提，正如其“公允价值”的名字一样，必须是“公允”的，而一旦“有失公允”，那就有可能变成“财务作假”了，相当于可以任意“修改账本”。而在接下来的10年里，安然金融果然就是这么做的。

安德鲁发挥他的财会专业，先成立了一些特殊目的实体（Special

Purpose Entity，简称SPE）。这些SPE就拿着安然公司的股票去抵押借债融资，然后拿融资去购买安然的资产，这样“左手换右手”，就可以把安然的一些负债，通过记账的手段转化成股权。如此一来，安然的负债减少，利润自然就“提升”上去了。其中的关键，在于这些平白变出来的钱是用安然的股票作抵押借债融资出来的。所以，只要安然的股价始终上升，可以得到的融资也会越来越多，看上去就是个可以“无限玩下去”的游戏。

为了让游戏玩下去，肯尼斯、杰弗里、安德鲁三个人可谓各显神通。肯尼斯运用自己的政商关系，四处游说，务必确保市场对安然充满信心，股价持续上升。杰弗里则专注于投资，并且越来越冒进，反正投资亏损了可以直接让财务修改。安德鲁动用自己在华尔街的关系，买通各种分析师，让他们给安然的信用评级打高分，增持安然股票。

2000年美国互联网泡沫破裂，而安然对外宣布自己的一项新业务为公司增加了1.1亿美元的（虚假）营收。这个消息导致市场上的游资疯狂涌入安然，两天内股价飙升37%。随着这个游戏越玩越大，安然的假账窟窿也越来越大，距离他们原形毕露也就不远了。

财会骗术东窗事发

最清楚真实情况的人，非杰弗里莫属，因为他是直接负责投资的。2000年，安然的假账已经大到不得不祈求奇迹发生才能弥补的地步。而此时的杰弗里，看到加州电价改革的契机，决定豪赌一把。当时的加州电价，是随着供需波动的。杰弗里想，如果他能垄断加州的供电，就可以从中获利。说干就干，他迅速发动团队渗透进加州电网。只要他们一个电话，便能使加州供电系统瘫痪，自己又当运动员又当裁判员，哪有不赢的道理？几番操作下来，加州电价暴涨10倍，安然赚得盆满钵满，数钱数到手抽筋。

但杰弗里怎么也没有料到，此时出现了一只“黑天鹅”。2001年3月，《财富》杂志刊登了一篇题为《安然的股价是否被高估》的文章。根据文章作者描述，在他采访安然员工的时候，竟然没有一个人能跟他清楚解释“安然是如何赚钱的”这个最基本的问题。而杰弗里的回应更糟糕：“这篇文章形容的安然就像一个黑箱，很抱歉，但真的就是这样，我们真的很难向外界解释我们内部如此复杂的交易。”

另一边，安然操纵电价激起了加州民愤，洪水般的抗议声迅速淹没了安然。即便肯尼斯找了他的好哥们儿——时任美国总统的小布什，恳请他不要取消加州的电价自由定价制度。但是，汹涌的民意蔓延全美国，对安然的各种质疑声按都按不住。信用的丧失，戳中了安然的命门，导致安然股价暴跌，从80美元狂泻到0.6美元。股价暴跌，意味着安德鲁的假账做不下去了，整个链条随时都有可能断裂。得知大事不妙的三位核心人物，第一时间选择先套现5亿美元，静待后续。

不久，安然公司内部出现了“吹哨人”。安然公司事业发展部副总裁夏伦·沃金斯（Sherron Watkins）站出来，揭露了公司内部的舞弊案。2002年1月，美国司法部正式启动安然案的刑事调查。过程就不赘述了，最终肯尼斯在宣判前1个月离奇死于心脏衰竭，杰弗里被判24年有期徒刑，安德鲁由于转为污点证人获刑10年。

这就是美国史上最大的企业丑闻。类似的故事，是否还在上演呢？

第四章

财富格调

致W.P.

冬风扫叶时节，一树萧条如洗，
绿装已卸，卸在我心里。
我生命的一部分，已消亡
随着你。
教堂、炉边、郊路和港湾，
情味都今非昔比。
虽有余情，也难追寻，
一日之间，我不知老了几许?
你天性的善良、慈爱和轻快，
曾属于我，跟我一起。
我不知道哪一部分多——
是你带走的我，
还是我留下的你。

——西班牙诗人　乔治·桑塔亚纳（George Santayana）

1 谁来定义品味？

核心观点：品味是权力结构的副产品，社会地位更高的人垄断了品味的定义权。

品味是个很难定义的词，因为从古至今，它在不断演化。毫无疑问，品味始终伴随着一种“追随”与“被追随”的不平等关系。所以，它也是一种权力结构的副产品。例如在14世纪的英国，英国王室通过创造奢华的贵族品味来确立自己的高贵地位，贵族则通过争相模仿更高阶层来彰显自己距离上流社会更近，从而形成了相互攀比的风气。所以，**社会地位更高的人垄断了品味的定义权。**不过，随着工业革命的发生，商品的流通降低了消费的门槛。随着贵族阶层的式微和生产消费规模的不断扩大，旧时代贵族式的品味难以维系，一种全新的、流动的关于品味的定义于18世纪逐渐形成。

古典经济学中有关于“不饱足”的假设，因此消费的定义为“供应会制造对自己的需求”。19世纪，挪威裔美国经济学家托斯丹·B.凡勃伦（Thorstein B. Veblen）提出了与时俱进的经济学模型。他不认为人只是为了满足最紧迫的需要而消费，进而对品味的形成和消费的规律进行了研究。凡勃伦认为，人都会有一种本能去模仿他人。工业革命后，人的社会地位在某种程度上取决于其拥有的财富，所以人在财富累积上会倾向于去追赶那些在社会中有较高地位的人。品味也是同样道理，人们通过模仿，形成某种习惯，继而推动了对某些商品的消费偏好。他指出，没有人会对自己当下拥有的财富感到满足，负担得起奢侈品的人通常都处于较高的社会阶层，所以，奢侈品的消费就代表了较高的社会地位，这就创造了对奢侈品的需求，详见其著作《有闲阶级论：关于制度的经济研究》。

换句话说，现代社会，品味某种程度上与阶层流动关系密切。处于不同社会经济地位的群体，他们在品味上通常有所区别，我们几乎可以从一个人的消费习惯上看出其所处的阶层。因此人们也可以有策略地在品味上显得与自己所处的真实阶层有所区隔，以此作为标榜自己重新定义社会地位的本钱。理解了这一层，我们便能看懂为什么网络上有一些“假名媛”了——她们正在尝试费劲地撕掉自己原有的阶层标签。

综上所述，品味是个自古以来就存在的东西。不过随着时代发展，判定品味的标准不断在发生改变。或许可以说，品味是上层给下层设立的一道门槛，增加下层跻身上层的难度。只要人类还有阶层，品味就会继续存在。而在阶层中的人，无论属于什么阶层，都在吃力地向上攀爬着、自我维护着、向下阻拦着。但有一点似乎不会变，那就是保持“品味高”始终是件非常消耗财富的事情。

2 “以貌取人”的合理性

核心观点：人们从原生家庭带出来的审美偏好是难以掩饰的，足以让人一眼看穿。

当你和一个新认识的朋友一起去吃自助餐，只要留意他取来的食物种类，基本上就能判断他的原生家庭所处的社会阶层。如果他取来的是高蛋白、高纤维、低热量的食物，他多半来自上层阶级家庭；而如果他取来的是高脂肪、高碳水、高热量的食物，那么他多半来自下层阶级家庭。这个评判标准看上去是否公允？其实它出自法国社会学大师皮埃尔·布尔迪厄（Pierre Bourdieu）的著作《区分：判断力的社会批判》。这套理论，似乎给“以貌取人”增加了一些合理性。

布尔迪厄认为，**人们的审美偏好的发展，很大程度上取决于社会出身，而不是后天的资本和经验累积。**在掌握文化资本的家庭出生的孩子，会“全面、早期及潜移默化地学习（审美偏好），这是从人们生命最早阶段就在家庭内进行的”。他指出，人们会继承家庭对于文化的态度，接受“长辈提供给他们的定义”。布尔迪厄更进一步说道：“一个人必须考虑到所有的社会条件的特点，这关连到拥有高收入或低收入者的童年早期，而且这些特点往往塑造出顺应这些条件的品味，”他相信，“婴儿所习得的最强大和最不可磨灭的印记，可能就是对食物的品味”。所以，古今中外的所有人似乎都喜欢用食物招待客人，这相当于是在向客人炫耀自己的社会出身。

人们自幼养成的审美偏好，会体现在日常生活的所有细节中，包括服饰、家具、食物等，**审美偏好会引导人们在社会上找到自己合适的位置。**在布尔迪厄进行的无数田野调查中，他发现受访者会自然表达“一种由其社会地位所引发的，有关合乎其身份的文化”的言论。而当一个人被放置在与自己的审美偏好格格不入的环境中时，他会显得非常不自在，甚至生出厌恶感。许多文学作品和戏剧作品中都有类似的表达，不是麻雀变凤凰，就是凤凰变麻雀——审美偏好的冲突，形成了作品的张力。

所以，深谙此道之人或许一眼就能看出某人的社会阶层。比如，意大利著名的古驰家族第三代掌门人莫里奇奥·古驰（Maurizio Gucci）想要迎娶平民女子派翠吉雅·雷吉亚尼（Patrizia Reggiani）的时候，莫里奇奥见多识广的父亲鲁道夫·古驰（Rodolfo Gucci）初次见面就看出派翠吉雅是个不能娶回家的“拜金女”。而莫里奇奥不听取父亲劝阻，最终惨死于派翠吉雅的毒手[1]。

总而言之，排除情感色彩，“以貌取人”只是一种现象，“貌”不能成为评价他人的唯一标尺，却足以成为洞察他人的一种工具。反过来说，如果想要实现家族的阶层跃迁，或许从下一代的童年就应该开始培养，而不是纯粹寄望他们长大后的努力。

[1] 参见案例四。

3 上流社会交际的潜规则

核心观点：上流社会交际的潜规则看上去很“喜感”，但他们却做得自然得体。

人们通常会觉得，上流社会特别讲究礼仪，有人更察觉到这是个商机。2013年，从小在外国接受教育的香港女生何佩嵘就在内地开设了礼仪课程，教授英国贵族礼仪和剑桥公爵夫人（即凯特王妃）礼仪，10天的“淑媛课程”价格8万元，12天的“女主人课程”价格10万元。比较吸引媒体关注的，是如何优雅地用刀叉吃香蕉的教学。只见一名学员面对盘中的香蕉，费劲地切去香蕉的两端，然后小心翼翼地取下香蕉皮，把香蕉切成小块，缓慢放入口中。这种扭捏作态，被称为“高雅”的典范。

如前文所说，这些潜规则是上流社会建造的高墙。**既然打不过你，那就不妨加入你。**美国作家刘易斯·H. 拉普曼（Lewis H. Lapham）曾经出版过一本名为《名流：上流社会交际法则》的小册子，用令人忍俊不禁的口吻描述了上流社会交际的潜规则，不少读者看完后都觉得上流社会充满“喜感”。以下举些例子：

一、事先准备好笑话。幽默是上流社会受欢迎的指标之一，所以永远要在心中准备一些笑话用于逗笑身边的人。但是请记得，不要在不合时宜的场合说不合时宜的笑话。

二、绝不表现出惊讶。无论听到、看到什么，都要以一种云淡风轻的样子面对，如果惊讶就会显得没见过世面。所以，当你想要惊讶的时候，一定记得用沉默应对。

三、喊饿是不礼貌的。主人没有准备好餐饮之前，你是不会饿的。如果需要点餐，记得你在开吃前已经“半饱”，一个鸡蛋，一小瓶矿泉水，一小片面包，这就足够了。

四、喝到微醺就停杯。喝酒讲究适量，通常一杯不够，两杯又太多。如果控制不好酒量，那么最好就不喝。但不喝的话，你就要准备更多笑话，否则没法与人交流。

五、炫耀营养学知识。你总是有满腹的知识来解释自己的饮食习惯，还要了解美食与美酒搭配的秘方——即便不喝酒。别忘了把一句话挂在嘴边：“你就是你吃的东西。”

六、对工作保持热情。如果有人询问你最近在忙什么，一定要显得自己有很多事情同时在做。如果你即将退休，也要表现出自己对力所能及的工作充满热情。

七、期待读下一本书。你总是好学的，所以总是正在读一本书，而且下一本书正在排队，等待你的阅读。你可以说：“我最近对《西湖梦寻》产生了浓厚的兴趣。”

八、保持1.5米的距离。这不是为了防疫需要，而是一种礼仪。上流社会不喜欢过于亲密的接触，更加不喜欢被人触碰，记住他们都是有“洁癖”的，这对你或许有帮助。

这些例子看上去好像很做作，如何让它们习惯成自然，才是对普通人最大的考验。

4 摆脱品牌消费的上流社会

核心观点：真正的上流社会已经摆脱了用物质来彰显身份的阶段，把品牌穿在身上显得既滑稽可笑又惹人同情。

奢侈品，可以说是过去20年中国新富阶层用来标榜自身社会地位最重要的工具。由于中国人强劲的消费力，个人奢侈品市场迅猛增长。统计公司Statista提供的数据显示，除了2008—2009年全球经济危机时期，以及近年受新冠疫情影响个人奢侈品消费有所下降外，在过去几十年里，个人奢侈品消费持续高歌猛进，2019年市场价值为2810亿欧元，属于第二赚钱的奢侈品类别，仅次于豪车。但这些消费者，绝大多数是包括土豪、中产在内的平民，而真正的上流社会贵族屈指可数。

美国学者保罗·福塞尔（Paul Fussell）在《格调：社会等级与生活品味》一书中，分析了上流社会、中产阶级以及下层阶级的生活品味差异。出人意料的是，上流社会的客厅通常使用沿袭上百年以致磨出线的东方地毯，最常开的车是老旧的普利茅斯或雪弗莱；而中产阶级的客厅则铺满崭新的地毯，配上崭新的现代化家具，最常开的车是崭新的奔驰或宝马。实际上，**真正的上流社会早已摆脱了用物质来彰显身份的阶段。**当然，也可以这样思考：既然在物质上比不过新富阶层，上流社会便另辟蹊径。

中产及以下人士还有一种穿衣倾向，就是喜欢把品牌商标置于非常显眼的位置。福塞尔把这种风格称为“可读服饰”，他说：“平民阶层感觉到有必要穿戴可读服饰，存在若干心理原因，因此他们看上去并不滑稽可笑，反倒惹人同情。穿上一件印有‘运动画刊’‘给他力’（一种运动员饮料）或者‘莱斯特·拉宁’（音乐界的劳斯莱斯）字样的衣服，平民人士会觉得自己与某个全球公认的成功企业有了联系，于是在那一小段时间里，获得了一种重要性，”他认为，“商品标志在今日拥有一种图腾般的魔力，能为其穿戴者带来荣誉。一旦披戴上可读衣饰，你就将自己的私人身份和外部的商业成功混同为一，弥补了自身地位无足轻重的失落，并在那一刻成为一个人物。”

但时过境迁，如今世界对品牌的认知已发生翻天覆地的变化。2000年，加拿大记者娜奥米·克莱恩（Naomi Klein）出版了著作《No Logo：颠覆品牌全球统治》，书中揭露了品牌如何通过资本、广告的运作，渗透进我们的生活。由于该书爆红，出版以后，一股唾弃名牌的运动暗流汹涌，这进一步削弱了人们消费品牌的热情。如今，在许多圈子内，不穿着带有Logo的服饰才是时尚。当然，上流社会还是会比较诸如材质、剪裁、设计等元素。只不过，比较从明争变成了暗斗。

5 如何优雅地发表观点？

核心观点：能说会道固然好，优雅地表达更是财富，沉默也有其难能可贵的价值。

能说会道，辩才无碍，是一个人的能力。但口若悬河，喋喋不休，不见得是好事。把话说得让人听着舒服，听得进去，才是宝贵的财富。生活中总有一些人能够优雅地发表观点，春风化雨地说服别人，他们是怎么做到的呢？总结起来，有以下6个特点：

1. **先说主流观点。**一个观点之所以能成为主流，代表它为大多数人所接受，所以发表主流观点通常是不会出错的。如果要发表自己的独到见解，可以先把主流观点表述一遍，证明自己知道主流观点，自己的观点不是片面的，这样比较容易让人接受。

2. **减轻对抗感。**如果对方先发表了一个观点，而你的观点与之相左，在发表自己的观点前，一定要先减轻对抗感。比如可以说一两句过渡句，“你的这种想法挺好的”“我真是没有想到”之类。这时不宜用“但是”这种转折性词汇，可以换成“同时我认为”。这样对方会把你的观点当成对自己观点的补充，而不是反驳，就容易接受多了。

3. **选择合适的场合。**人类是环境动物，很容易受到周遭环境的影响。即使是一个很有涵养的人，如果在其主场，尤其是在他在意的人的面前丢了颜面，也是很难保持修养的。所以，如果你发现自己在别人的主场，尽量不要喧宾夺主，更不要让对方下不来台。

4. **避免无意义争论。**谨慎地选择自己的讨论对象，如果发现认知不匹配，或者对方是毫无逻辑的无赖，就应该适时闭嘴，无意义的争论只会令自己气得斯文扫地。记住芒格的话："永远不要和一头猪比摔跤，你们两个都会被泥弄脏，而猪却会乐在其中。"

5. **不把话说得太绝对。**发表观点要有科学精神，科学精神即自己不掌握绝对真理，是有可能犯错的。即便现在对，未来也有可能错。所以多用一些怀疑性的词汇对自己的观点加以修饰，比如"或许""有可能"等等。这样不容易把话说死，给自己留后路。

6. **不带情绪地表达。**优雅地发表观点不仅是语气和善、态度谦卑，而且要做到有理有据，不掺杂情绪。尤其是在闹得不愉快的时候，更加不能因为一时冲动而说出伤人的话。古语有云："君子交绝，不出恶声。"总而言之，努力成为令人尊敬的辩论者。

不过，多数时候我们总是强调表达的重要性，而忽视了沉默的价值。其实有时候，**多听少说胜过千言万语。**当我们遇到上知天文下知地理，遇到任何事总能发表几句观点的人，要加倍小心。记得《论语》中说："巧言令色，鲜矣仁。"同时，遇到话不多的人，千万不能轻视，这种人有可能胸无点墨，也有可能高深莫测。有道是：人狠话不多。

6 “士”的精神与价值

核心观点：“士”的精神在于善始善终。树立目标要讲技巧，避免落入习得性无助。

“士”这个字，由一个“十”字和一个“一”字组成。《说文解字》对它的解释是这样的：“士，事也，数始于一，终于十，从一从十。”意思是，能从一开始，到十结束，即为“士”。引申的意思是：把事情善始善终完成的人，就是“士”。这，正是“士”的精神。

《论语》中一共提及“士”15次。不过，孔子更强调的是“士”的精神追求。孔子说：“士志于道，而耻恶衣恶食者，未足与议也。”孔子的学生曾子的话更有名，他说：“士不可以不弘毅，任重而道远。仁以为己任，不亦重乎？死而后已，不亦远乎？”

善始善终是种美德，但做不到的人显然居多。古语有云：无知之人常立志，有志之人立长志。心理学的研究发现，这可能不是一个道德问题，而是心理问题。

1983年，美国宾夕法尼亚大学做了一个著名的心理实验。心理学家把狗分成3组，装进3个箱子，分别施以电击。区别是：第一组狗电击后放它离开；第二组狗面前有个开关，电击后只要按下开关电击就会停止；第三组狗面前也有开关，但电击后按下开关电击也不会停止。遭受电击后，心理学家又把3组狗关在一个它们能够跳出去的箱子里，再施以电击。第一组和第二组狗被电击后迅速跳出箱子，而第三组狗被电击后会选择留在原地——心理学家把这种现象命名为“习得性无助”（Learned Helpless）。

习得性无助的人很容易放弃目标，这很有可能是长期无法达成目标的后遗症。所以，人们应该谨慎地树立目标，并用科学的方法达成目标，以避免习得性无助。为了达成目标，有3个小技巧可以分享：

1. **减少分享。**比如，运动后你在朋友圈晒照片获得点赞会让人心满意足，从而消磨人的意志。所以在目标达成之前，最好对外保密，默默努力。

2. **力所能及。**不要片面地相信“人因梦想而伟大”这样的话，设立无法达成的目标，只会打击自己的信心。如果目标实在太大，可以把大目标切割成若干个小目标，分阶段达成。

3. **考虑环境。**比如，你立志每天早晨运动1小时，但考虑到冬天的寒冷会令早起变得困难。那么，是否可以把运动时间调整到下午或晚上呢？

如果你是一个已经能轻易达成小目标的人，那么也不能对自己放松要求。一个人追求的终极目标，最好是穷其一生也无法完结的目标，比如像史蒂夫·乔布斯（Steven Jobs）说的那样：“活着就要改变世界。”这样的一生，注定是充满意义的一生。

7 怎样交朋友

核心观点：交朋友的秘诀是“无友不如己者”，人生得一知己足矣。

美国社交网络公司Snap Inc.曾经做过一个针对8个国家的调查，他们在每个国家各发放1万份问卷，想要知道不同国家的人平均有多少好朋友，结果是这样的：

表4-1 8个国家的民众平均好朋友人数

国家	平均好朋友人数
沙特阿拉伯	6.6
印度	6.0
马来西亚	5.8
法国	3.6
澳大利亚	3.3
德国	3.2
美国	3.1
英国	2.6

这份调查的结果和我们的传统印象没有太大出入，而与此同时我们又不禁想问，为什么我们生活在一个社交网络如此发达的时代，但

好朋友的数量似乎并未因此增加？答案或许是，我们不可能也不应该期待拥有太多朋友。

1990年，英国人类学家罗宾·邓巴（Robin Dunbar）经过对人类大脑的研究发现，位于大脑半球顶层的新皮质决定了人类保持紧密关系的人数上限，于是学界以“邓巴数”（Dunbar's Number）命名社交人数上限。邓巴数介于100至230之间，一般认为平均值为150。换句话说，**人类能交的朋友大约也就在150个左右。**而在此之间，能称得上“好朋友”的绝对不会超过10个。另一项由美国堪萨斯大学的研究员杰弗瑞·A. 霍尔（Jeffrey A. Hall）于2018年发表的研究结果则显示，青少年与成年人所需的交友时间存在差异：

1.从陌生人到变成一般朋友所需时间：青少年需要约43小时，成年人需要约94小时。

2.从一般朋友到变成好朋友所需时间：青少年需要约57小时，成年人需要约164小时。

3.从好朋友到变成知己所需时间：青少年需要约119小时，成年人需要约100小时。

这项研究结果表明，青少年更加擅长浅层社交，容易交到一般朋友，但是交到知己的时间则比成年人长。这说明人的年纪越大，越知道自己想要交怎样的朋友。更加折射出所谓交朋友，其实与对自我的了解程度有直接关系的。越了解自己是怎样的人，就越知道自己想要认识怎样的人，并且会快速筛选掉陌生人，拒绝无用社交。

其实，早在两千五百年前，孔子就已经把交友的秘诀告诉我们了。《论语》中有记载：“君子不重则不威，学则不固。主忠信。**无友不如己者。**过则勿惮改。”其中“无友不如己者”6个字，道出了交友的真谛。对这句话有两种理解。一种是：不要和弱于自己的人交朋友。但这种解释有个悖论，即比你强的人如果也这么想，他为什么要和你做朋友呢？于是你就交不到比自己强的朋友。所以，作者认为另一种理解比较合理，那就是：**不要和不像自己的人做朋友。**你是怎样的人，就交怎样的朋友。这里尤其强调的是“志趣相投”，能够有共同爱好，甚至为相似的人生目标携手奋斗的朋友。如果以孔子的标准来择友的话，那真正的好朋友更不会多了。人生得一知己足矣，斯世当以同怀视之。若能交到这样的朋友，真是人生中珍贵的财富。

8 要“博爱”还是“偏爱”？

核心观点：人人“偏爱”，交织在一起，或许反而能呈现出一个比较和谐的“博爱”格局。

“自由、平等、博爱”是法国大革命时期政治家马克西米连·罗伯斯庇尔（Maximilien Robespierre）喊出的口号，其后似乎成了一种“三位一体”的“真理”。“自由”和“平等”先不讨论，但是“博爱”有讨论的空间，这是可能的吗？

西方的“博爱”脱胎于基督教，基于上帝的意志去爱所有神的子民，强调爱人就是爱己。所以，相比于“自由”和“平等”，“博爱”更像是一种道德伦理。有论者认为西方的社会福利制是“博爱”的具体体现，但也有反对者认为那属于“平等”的范畴。总而言之，“博爱”是一个比较抽象的概念。

法国大革命时期，基于“博爱”精神，很多人做了很多过犹不及的事情。比如把国王送上断头台，把贵族的财产瓜分发给民众。结果，这些看似“博爱”的做法，却把法国变成了失序的“人间炼狱”。阿历克西·德·托克维尔在总结法国大革命教训后，痛心疾首地于《旧制度与大革命》中写道：“正因为旧制度已经摧毁了一部分，剩下的部分才变得比以前更加恶毒千百倍。”

在西方，“自由、平等、博爱”的价值观也遭到诸多批判。早在1872年，英国法学家詹姆斯·F. 斯蒂芬（James F. Stephen）就出版了

《自由·平等·博爱：一位法学家对约翰·密尔的批判》。在书中他如是说："如果人类的经验证明了什么，它所证明的就是，把限制最小化，把最大限度的自由赋予所有人，结果不会是平等，而是以几何级数扩大的不平等。在各项自由之中，最重要、得到最普遍承认的自由，莫过于获得财产的自由。如果你在这件事上限制一个人，那就很难看出你给他留下了其他什么自由。"

其实，"博爱"的思想在两千多年前的中国就已经出现过，那就是墨子的"兼爱"。墨子反对儒家"爱有等差"的说法，主张爱无差别、无等级，不分厚薄亲疏。但是，历史最终选择了孔子的思想，选择了"推己及人"的"差序格局"。把人分成远近亲疏，对亲近的人一定比对疏远的人要好。并且相信孔子所言："父为子隐，子为父隐，直在其中矣。"这种观念不是"博爱"，而是"偏爱"。但**人是社会中的人，存在纷繁错杂的人际关系，人人"偏爱"，交织在一起，或许反而能呈现出一个比较和谐的"博爱"局面。**作为普通人，我们应该追求的也是尽可能对家人好一些，帮助身边的人，而不是追求虚无缥缈、宽泛空洞的所谓"博爱"。

9 与人和谐相处的10个关键词

核心观点：我们每个人都应该努力成为那个有所成就又不惹人讨厌的人。

与人相处是门学问，很多人仅有初见之欢，而交往得深了，却渐行渐远。想要与人和谐相处有10个关键词，虽是老生常谈，但真的要做到可不容易，因此值得记一笔。

1. **尊重。**做到对上的尊重不难，做到对下的尊重不易。反而是要做到，对上级不谄媚，对平级不骄横，对下级不欺凌，用无差别的心态对待所有人，才是真的尊重。

2. **体谅。**家家有本难念的经，每个人活在世上都要处理眼前现实的问题，没有人的成功是轻易得来的。自己有难处的时候，想想别人或许也有难处，就会多一份体谅。

3. **宽容。**宽容是给予他人空间，让他人享受充分的自由。以父母与子女相处为例，对子女要宽容，容许他们犯错。一个有能力的父母，是能够帮助子女改正过错的。

4. **奉献。**时刻思考自己能为他人做什么，有钱出钱，有力出力。当他人需要你的时候，能立刻放下手上的事，分时间陪伴，这也是一种牺牲，是一种奉献，能积累福报。

5. **换位。**当他人需要你的建议时，能够换位到他的处境中，认真思考解决办法，这样给出的建议才是有诚意且有效果的，切忌用一些大而化之的话敷衍了事。

6. **感恩。**如果得到了他人的帮助，一定要心怀感激。实际上，我们取得的所有成绩都离不开他人的帮助。所以，学会谦让而非居功很重要，并且要时时想着报恩。

7. **赞美。**对他人不吝赞美之词，鼓励他人百尺竿头更进一步，真心实意地替他人感到高兴。经常赞美他人，也同样会获得他人的赞美。所以，赞美他人就是褒奖自己。

8. **忍耐。**凡事能够忍耐，遇到打击和激赏都不卑不亢，这是钝感力的表现。善于忍耐的人，不容易因一时冲动犯下无法弥补的过错，自然也就不易得罪人。

9. **自省。**每日三省吾身，这是最好的修为。可以反省自己做错了什么，也可以反省自己做对了什么。经常给自己正面的暗示，久而久之就会往良善的方向发展。

10. **勇敢。**勇敢不是无所畏惧，而是认定应该做的事情，即便心有恐惧也要义无反顾地去做。这样的行为，让人看到你的勇气，欣赏你的品格。

成为一个让人羡慕的人不难，成为一个让人喜欢的人不易。我们的教育一直鼓励我们成为让人羡慕的“别人家的孩子”，而缺少了教我们如何成为让人喜欢的人，甚至还把别人对我们的“羡慕嫉妒恨”当成一种“荣耀”。虽然有人说：“若要承受赞美，就要承受诋毁。”但那些有成就又不惹人讨厌的人，难道不是更值得我们学习吗？这一课，我们必须通过自身的努力补上。

案例四

“黑寡妇”为谋钱财买凶刺杀前夫
——百年古驰豪门夺产浴血奇案

1995年3月27日，意大利米兰，世界知名奢侈品古驰的办公室。这天，掌门人莫里奇奥·古驰如常来到公司上班。他端着一杯咖啡，清洁工刚要和他问候早安，谁知伴随一声枪响，莫里奇奥应声倒地。清洁工愣在当场，好一会儿才反应过来，抱起莫里奇奥的头，但为时晚矣，他当场死亡。

两年后，刺杀莫里奇奥的杀手被警方逮捕。杀手供出雇佣他行刺的人，竟然是莫里奇奥的前妻派翠吉雅·雷吉亚尼。这场豪门谋杀案轰动全球，古驰家族三代父子，向世人展现了什么叫做名副其实的“人为财死，鸟为食亡”。

皮革工匠，建立奢侈品帝国

古驰家族非常传奇，尤其是第一代古奇欧·古驰（Guccio Gucci）。他来自意大利西部托斯卡纳的一个皮革工匠家庭，自幼跟随父亲学习皮革制作。1921年，30岁的古奇欧在佛罗伦萨创办了属于自己的品牌“古驰”，主营马鞍、皮包和其他配饰。凭借出色的设计和精湛的工艺，古驰很快声名远扬。经过30多年的打拼，分店开到了罗马、米兰和纽约等地。

古奇欧有6个孩子，5子1女，而他最为倚重的是大儿子奥尔多·古驰（Aldo Gucci）和三儿子鲁道夫·古驰。在临终前，古奇欧做了一件错事，就是将公司股权平分给了奥尔多和鲁道夫。或许古奇欧想要平等对待，但拥有现代经营理念的人都知道，这种配比是很糟糕的，会导致公司的一系列决策僵持不下，难以推进，更容易引发兄弟阋墙。

果不其然，古奇欧去世后不久，奥尔多和鲁道夫之间就发生了争执。但是苦于在股权上平分秋色，奥尔多想到了另一个制约鲁道夫的办法。奥尔多有3个儿子，而鲁道夫只有1个儿子。于是，奥尔多就把自己10%的股权平均分了给他的3个儿子乔治·古驰（George Gucci）、保罗·古驰（Paolo Gucci）和罗伯特·古驰（Robert Gucci），想以在公司中占据人数多这点来和鲁道夫较劲。而鲁道夫的儿子，就是前文所说于1995年被刺杀的莫里奇奥。

此处花开两朵，各表一枝，古驰家族的事按下不表，先来看看派翠吉雅是一个怎样的女子。

派翠吉雅出生在一个贫困家庭，母亲是洗衣工，父亲是卡车司机。母亲从小就教育派翠吉雅，长大以后一定要嫁给有钱人。不仅如此，母亲还亲身示范，找了个大款，带着派翠吉雅改嫁。派翠吉雅拥有了继父的姓氏，一夜之间成为名媛。派翠吉雅尝到了有钱的甜头，从此立志“宁可坐在劳斯莱斯里哭，也不要坐在自行车上笑”。

22岁这年，派翠吉雅功夫不负有心人，在一次派对上邂逅了和她同岁的莫里奇奥，两人迅速坠入爱河。据说莫里奇奥是个不善言辞的木讷小伙，很快被聪明伶俐的派翠吉雅吸引。但是，两人的爱情却没有受到莫里奇奥父亲鲁道夫的祝福。鲁道夫火眼金睛看出派翠吉雅是个拜金女，不能娶回家。但莫里奇奥不顾父亲反对，擅自与派翠吉雅完婚。见木已成舟，鲁道夫也只能无可奈何地接受事实。

婚后不久，莫里奇奥也发现派翠吉雅果然不是个省油的灯。她不仅爱花钱，而且还喜欢显摆，这点让出生在豪门的莫里奇奥尤其受不了。在西方传统观念中，有钱人一般都会尽量保持低调，过于张扬是没有家教的表现。渐渐地，两人的感情出现了裂痕。不过，在此期间派翠吉雅给莫里奇奥生了两个孩子。1983年鲁道夫去世后，派翠吉雅干脆就和莫里奇奥分居，带着两个孩子离家出走。但她仍以两个孩子作为要挟，一直向莫里奇奥要钱。在接下来的6年里，派翠吉雅花掉了莫里奇奥家过亿的财产。

而在这期间，莫里奇奥无暇顾及派翠吉雅，因为他正在和家族里的伯父、堂兄弟争夺古驰帝国的控制权。通过一系列操作，莫里奇奥鬼使神差地将古驰纳入囊中。

战胜家人，输掉整个家族企业

话说奥尔多在把3个儿子叫到公司来上班后，他的二儿子保罗特别有抱负，希望自己能在时尚界展露自己的设计才华。但是，这并不是他的叔叔鲁道夫想要看到的。保罗只得另想办法，自己偷偷创立了一个叫“保罗·古驰”的品牌。他没有告诉古驰家的任何人，自己的小算盘打得叮当响，希望悄无声息地将古驰的客户转到自己的品牌下。但纸包不住火，事情败露后，不仅叔叔生气，连父亲奥尔多也震怒。奥尔多一举将保罗从古驰公司扫地出门，还动手打了他，并且放风，禁止所有古驰的合作商与保罗合作。保罗对父亲的赶尽杀绝非常不满，怀恨在心，开始找机会想要报复父亲。

1983年，鲁道夫去世，莫里奇奥继承了父亲的所有股权和遗产。奥尔多仗着自己辈分高，在公司里大大小小的事情都压莫里奇奥一头。于是莫里奇奥将伯父告上法庭，宣称自己拥有的股份占50%，多于奥尔多的40%，应该掌握话语权。而奥尔多反将一军，声称自己掌据莫里奇奥在继承鲁道夫遗产时，为了逃避遗产税曾经伪造文件的证据。这是非常严重的指控，莫里奇奥为此一度逃去国外，直到案件撤销才返回意大利。

莫里奇奥正想报复伯父，此时出现一位奥尔多的“猪队友”，即他的儿子保罗。为了报复父亲，保罗选择与莫里奇奥合作，用相加53.3%的股权，把奥尔多踢出公司管理层。随后，保罗用多年收集的证据，向税务部门告发父亲挪用公款，将81岁高龄的父亲送入监狱。保罗为什么这么心狠手辣呢？因为他和莫里奇奥有个口头协议，就是等他把父亲送入监狱后，莫里奇奥要把保罗请回古驰。可是谁知，莫里奇奥翻脸不认人，不承认自己说过那样的话。可怜的保罗，不仅出卖了自己的父亲，还因为走投无路，不得不将自己的3.3%股份卖给了一间叫Investcorp的投资公司。

后来，莫里奇奥也将自己大部分的股权卖给了Investcorp，并对外声称自己急需用钱。又过了一年，奥尔多刑满出狱，也将自己的股权卖给了Investcorp。此刻忽然之间真相大白，原来Investcorp是莫里奇奥请来的托儿，诱使伯父、堂兄就范。在奥尔多卖出股份之后，莫里奇奥旋即被Investcorp委任为古驰集团的CEO。

买凶谋杀亲夫还称“超值”

看似大获全胜的莫里奇奥志得意满，正准备大干一场，谁知天不遂人愿，赶上全球奢侈品市场低迷。1993年，莫里奇奥也不得不将自己手上的股份全部卖给了Investcorp。从此，古驰集团和古驰家族完全没有关系了。为了战胜家人，最终葬送了家族企业。

卖掉股份的莫里奇奥还是很富有的。1993年，他认识了新女友，于是向派翠吉雅提出离婚。派翠吉雅虽然不爱莫里奇奥，但是爱他的钱。最终经过法庭裁决，1994年二人正式离婚，莫里奇奥每年须向派翠吉雅支付147万美元赡养费。

不过，让派翠吉雅不能接受的是，莫里奇奥很快宣布自己即将结婚。为什么难以接受呢？因为如果莫里奇奥不结婚，她的两个孩子就是莫里奇奥遗产的唯一继承人，一旦莫里奇奥再婚，其他人就会加入分产。因此便发生了文章开头的那一幕。为了阻止莫里奇奥再婚，派翠吉雅雇杀手刺杀了前夫莫里奇奥。

杀手被抓到后，1998年，派翠吉雅被判29年有期徒刑，因为在狱中表现良好，只坐了18年牢，于2016年提前出狱。出狱后，派翠吉雅依旧歌舞升平，狗仔队经常拍到她穿着华丽的服饰，出入各种高档消费场所。派翠吉雅的两个孩子，作为莫里奇奥唯一的直系亲属，如今仍然每年能从古驰家族信托中获得120万美元的生活费。派翠吉雅甚至对媒体大言不惭地说，当初花30万美元雇佣杀手刺杀前夫“超值”。

在意大利，像派翠吉雅这种谋杀丈夫的女人被称为“黑寡妇”。黑寡妇是一种蜘蛛，雌蛛在交配之后会吃掉雄蛛。但派翠吉雅如果是“黑寡妇”的话，古驰家族的内斗又应该算是什么呢？或许正是因为古驰家族自身的不良家风，才造成了这种物以类聚的连锁反应。

2021年，古驰家族的故事被搬上银幕，拍成电影《古驰家族》，由美国歌星Lady Gaga饰演派翠吉雅。电影幕前幕后，古驰集团大力支持，连电影里的道具、服装、珠宝，全都是古驰集团提供的。而古驰家族则对该电影一致反对，认为扭曲历史，丑化家族成员。但反对有什么用呢？古驰集团已经和古驰家族没有丝毫关系了。

第五章

财富习惯

爱情的十四行诗（选75）

这就是家，就是海，就是旗帜，
我们却被别的高墙弄错。
我们找不到门，也听不见
来自死亡那样来自虚无的声音。

终于，家打开了它的沉默，
我们进去，踩着了被抛弃的一切，
耗子的尸体，空虚的告别，
水管里空流着的水的哭泣。

哭着，哭着，白天黑夜这个家，
半开半闭，跟着它乌黑眼眶里
掉落的蜘蛛在一起呻吟。

如今，我们忽然活着回来，
把它挤满，它却难以把我们认识：
它得如花盛开，不留一丝记忆。

——智利诗人　巴勃罗·聂鲁达（Pablo Neruda）

1 富哥哥，穷弟弟

核心观点：如果想要成为一名成功者，就要养成良好的生活习惯。

2016年，英国电视台播出了一档真人秀节目《富哥哥，穷弟弟》。节目的两位主角，分别是哥哥伊万·马索（Ivan Massow）和弟弟大卫·马索（David Massow）。虽是一奶同胞，但两人的境遇却有天壤之别。伊万是千万富翁，创业家，杰出的保守党党员；弟弟是水泥工，“滞销书”作家，神秘宗教狂热分子。为了消除长达25年的隔阂，兄弟俩同意接受拍摄，走入对方的生活，分别在对方家里生活4天。

首先是弟弟来到哥哥家生活。其实在少年时代，兄弟俩的关系还不错。直到21岁时，伊万赚到第一桶金，两人才逐渐形同陌路。20多年来伊万有个心结，就是弟弟18岁那年本来要去考汽车修理学校，考试前一天来找哥哥。当时伊万正在和朋友们开派对，大卫也和哥哥一起玩得不亦乐乎，体会到了自由的快乐，结果连第二天的考试也放弃了，从此过上了流浪的生活。伊万一直觉得，是自己的纵容“害”弟弟走到了今天这一步。

在前往哥哥家之前，弟弟对他有许多偏见，认为哥哥只是个乘人之危从中获利的资本家。但是，当大卫真的来到哥哥的豪宅时，愤世嫉俗的神情一扫而空，取而代之的是手足无措的焦虑。哥哥的房子比大卫想象中要低调很多，但看得出来，每个细节都有讲究。不过，大卫对哥哥家里没有家庭合照很不满，认为哥哥不重视亲情。

大卫讲起一件往事，说多年前哥哥曾承诺给他买一艘船，他不断质问哥哥为什么不兑现诺言。伊万没有和弟弟争吵，只是提醒他，他现在的情绪很不稳定。大卫斤斤计较，却不知道哥哥暗中给了他多少钱。伊万前后接济过大卫10多万英镑，为了不伤弟弟的自尊心，每次都是通过母亲转交。实际上，伊万从8岁就开始打工。之所以早熟，都是因为父母溺爱弟弟。每次他精疲力竭回到家中，弟弟都在吃妈妈做的点心。数十年来，伊万早已养成脚踏实地不抱怨的性格。而这一切在大卫看来，却很傻。

后来，伊万去体验弟弟的生活。大卫带哥哥参加自己的新书发布会。大卫很兴奋，但是因为睡过头迟到了3小时。一天下来，半本书都没卖出去。晚上，大卫带伊万去了自己每周都会参加的政治聚会。参与者三教九流都有，即便大家知道伊万是名副其实的政治家，仍然在他面前高谈阔论。荒唐的言论让伊万听不下去，但他懒得反驳。伊万为弟弟在这种圈子里感到悲哀，在他看来，这是一群逃避现实、相互取暖的失败者。

短暂的8天交流结束了，伊万和大卫，谁也没有改变谁。对伊万来说，最大的收获或许是从母亲那里得知早在去参加派对前，大卫就已经辍学了，弟弟的落魄不是他造成的。

如果想要成为一名成功者，就要养成良好的生活习惯。《富哥哥，穷弟弟》让我们看到，富有和贫穷的区别，往往来自生活中微小习惯日积月累的影响。

2 用习惯而非毅力坚持

核心观点：毅力是“耗材”，高效能的习惯，才是把一件事坚持下来的关键。

在前文中，我们强调了善始善终的重要性（参见第四章第6节）。凡事欲善始善终，必贵在坚持。很多成功学理论喜欢给人打鸡血，让人们要以不懈的毅力去坚持一件事。如果误信了这种简单粗暴的理论，那可真是大错特错。正如芒格所说：“我建议你们牢牢记住这句谚语——人生就像悬挂式滑翔，起步没有成功就完蛋了。”所以，永远不要指望用毅力去坚持，因为很遗憾地说，**毅力是“耗材”，是“不可持续能源”，越用越少，不到关键时刻，最好不要动用它。**坚持的理想状况，通常是通过习惯来达成的。

美国个人管理学家史蒂芬·R. 柯维（Stephen R. Covey）有本畅销数十年的名著《高效能人士的七个习惯》，据说是全世界无数商界大佬的个人管理启蒙书。不过许多读者闻名拜读后颇为失望，觉得并无高屋建瓴，只是些陈词滥调。这或许是由于未得要领。因为在了解习惯之前，有必要先明白柯维所说的“高效能”是什么意思。

有人以为高效能是一味提高效率，其实不然。柯维所指的“高效能”是P/PC Balance，即产出（Production）和产能（Production Capaibility）之间的平衡。举例来说，土里撒种以待收获，这是农业的基本规律，而奢望通过揠苗助长的方式获得丰收，则不仅无法获得产出（粮食），同时也会破坏产能（禾苗）。因此，柯维所说的“高效能”不是在短时间内迅速增加人们的产出，而是通过习惯的养成强化产能，令人们可以源源不断地获得产出。先建立这个认知，再去看这本书，便会豁然开朗。

让我们重新审视柯维提出的“高效能人士的七个习惯”分别是什么：

1. 积极主动（Be Proactive）。凡事主动出击，绝不接受被动。

2. 以终为始（Begin with end in mind）。结束又是开始，眼睛盯着目标。

3. 要事第一（Put first things first）。事有主次先后，不会一视同仁。

4. 双赢思维（Think win-win）。创造共赢局面，不玩零和游戏。

5. 知彼知己（Seek first to understand,then to be understood）。不吝展露自己，强调与人沟通。

6. 统合综效（Synergize）。寻找合作机会，不做孤胆英雄。

7. 自我更新（Shapen the saw）。持续反省不足，弥补自身短板。

不过说了半天，似乎还没有解释什么是习惯。所谓习惯，由三大要素构成，分别是：知识、技巧和意愿。习惯是三者交织的产物，缺一不可。知识，可以通过学习获得。技巧，可以通过练习养成。意愿，是起心动念的源点。习惯，是让人坚持下来一件事的关键。正所谓：问渠那得清如许，为有源头活水来。用柯维的理论来解释，只有依靠强大的产能，才能获得源源不断的产出。

3 富人没钱时在做什么？

核心观点：想要成为有钱人，你不需要富爸爸，只需要养成良好的习惯。

富人只有在富有之后才走进大众视野，他们身上的光环会掩盖许多阴影里的真相，以至于人们很少关注一个问题，那便是：富人没钱时在做什么？其实对普通人来说，了解白手起家的富人在没钱时做的事，远比打听他们有钱后的生活有价值得多。

富人没钱时的第一个特点，是他们**没空抱怨**，洛克菲勒就是这样一个人。若论出身，他可能比大多数人都差，因为他有个“奇葩”父亲。洛克菲勒的父亲抛弃家庭，贩卖假药，非法越境，重婚生子，是个不折不扣的“人渣”。然而，洛克菲勒并没有受到原生家庭的不良影响。父亲是父亲，他是他。而且飞黄腾达后，他还一直赡养父亲。

富人没钱时的第二个特点，是他们**保留爱好**，柯达公司的创始人乔治·伊士曼（George Eastman）就是这样一个人。伊士曼年轻时在保险公司和银行工作，工作之余，他用并不富裕的收入购买了一台照相机，学习摄影技术。因为这一爱好，才开启了他打造柯达商业帝国的故事[1]。

富人没钱时的第三个特点，是他们**持续学习**，知名发明家爱迪生

[1] 参见案例五。

就是这样一个人。爱迪生小时候因为好奇母鸡孵蛋，尝试自己孵小鸡而被老师斥责，母亲将他领回家。在家里，爱迪生自学了基础教育，并且沉迷于各种科学实验。最终，爱迪生在科研的基础上建立了庞大的商业帝国——爱迪生照明公司。

富人没钱时的第四个特点，是他们**从不满足**，福特汽车的创始人亨利·福特（Henry Ford）就是这样一个人。福特出生在农村，小时候对父亲的拖拉机感兴趣，12岁就建立了自己的机械房，15岁亲手造了一台内燃机。33岁在爱迪生公司工作时，他发明了第一辆汽车。此后，他离职自己创业。

富人没钱时的第五个特点，是他们**热爱工作**，本杰明·富兰克林就是这样一个人。富兰克林除了是政治家、发明家外，还是一名成功的商人。他是一名典型的清教徒，每天从早到晚都在工作，孜孜不倦。在开报社的时候，他连周末也很少休息。有位同事早上出门时看到富兰克林在工作，晚上回来发现他还在工作，几乎一动未动。

美国财经作家汤姆·柯利（Tom Corley）写过一本畅销书，名叫《习惯致富：成为有钱人，你不需要富爸爸，只需要富习惯》。在这本书中，介绍了30个有助于成为有钱人的好习惯。作者说：“有钱人只是做事的方式不一样，他们的想法不一样、行为不一样、习惯不一样。不管你今天的财务生活如何，都能变得富有。但要变富有，你必须以不同的方式做事。你必须用不同的方式思考。你必须有不一样的行为。你必须养成不同的习惯——富习惯。”**穷人各有各的习惯，而富人通常都有一些类似的好习惯。**

4 为什么富人通常不胖？

核心观点：低升糖指数的食物有助于长时间保持精力，而且不会让人发胖。

如果留心观察会发现，和发展中的社会不同，成熟社会的富人通常并不肥胖。这一方面得益于他们的克制自律，另一方面更为重要的是良好的饮食习惯造成的。美国心理学家吉姆·洛尔（Jim Loehr）写过一本畅销书，名叫《精力管理》。在这本书中，作者花了不少笔墨介绍“升糖指数”（Glycemic Index）这个概念。

升糖指数又名血糖生成指数，反映了某种食物与葡萄糖相比，升高血糖的速度与能力。升糖指数高的食物，其所含碳水化合物会被迅速分解然后吸收，将葡萄糖迅速释放到循环系统，导致血糖急剧上升后再下降。反之，升糖指数低的食物，其所含碳水化合物会被缓慢分解或较慢吸收，使葡萄糖逐渐释放到循环系统，让血糖水平的上升和下降更加缓慢与平衡。所以，摄入升糖指数低的食物可以有效地延长人们进食之后保持精力的时间。

血糖水平高可以令人亢奋。如果摄入升糖指数高的食物，可以在短时间内进入高昂状态，但是也会很快丧失精力。哪些是高升糖指数的食物呢？比如松饼、面包、白米饭、烤马铃薯等精致的碳水化合物。它们都易溶解于水，可以让人迅速提神，但是只能维持大约30分钟，精力水平就会迅速下降。相比之下，低升糖指数的食物，则因为不易被分解，可以长时间维持精力，比如牛奶、鸡蛋、蔬菜、低糖水果，以及各种高蛋白的肉类。它们会缓慢释放糖分，让人长时间保有精力。

想要保持长时间的精力充沛，还可以采用少吃多餐的策略，把一日3餐改成一日5—6餐，而且尽量做到每餐摄入的糖分趋于平均，或者早餐多吃一些。英国一项针对7—12岁的孩子的研究发现，孩子们每日摄入的总糖分差不多，但体重却相差很大，造成这一区别的原因是偏瘦的孩子早餐吃得多，而偏胖的孩子晚餐吃得多。

更加值得注意的是，稳定的血糖水平可以让人情绪稳定。因为血糖飙升会让人亢奋，所以吃完一大碗白米饭后，整个人会很激动，但30分钟后，血糖骤降，人又会陷入低落。所以，**长期摄入高升糖指数食物的人，容易给人造成一种情绪不稳定的感觉。**

最后还有一点也经常被人忽略，那就是每天都要喝足够的水。不能等到口渴才喝水，因为口渴的时候，代表身体已经缺水，是它发出“求救”信号的意思。肌肉如果缺水3%，就会失去10%的力量和8%的速度，喝水不足还会造成大脑注意力不集中和协调能力受损。作者建议，每天至少要喝1800毫升的水，以保持充足的精力。

总而言之，良好的状态，充沛的精力，是运用科学方法的结果，而且可以从饮食入手。

5 如何保持精力？

核心观点：除了体能精力，精力管理还包括情感精力、思维精力和意志精力。

上节所写只是《精力管理》中的“体能精力”部分，精力管理还包括另外3个方面，分别是：情感精力、思维精力和意志精力。这3个方面，也是很重要的。

第一，情感精力。人的情感精力是有限的，它会流失，所以需要补给。情感的流失和补给，都和与他人的交流有关系。正向的情感包括4个方面：耐心、开放、信任和喜悦。一个有充足情感精力的人，能够做到为他人牺牲。比如，当有人需要倾诉的时候，你能放下自己的事去聆听，这就是牺牲，代表你情感精力充沛。

无论是和同事还是和家人的交往，都会损耗我们的情感精力。人的情感和肌肉有相同的原理，都会形成“肌肉记忆”。所以，务必给自己留出独处的时间，这就像定期做运动一样重要，否则人就会不健康。独处时不必刻意给自己安排事情做，就算放空半天或独自去看场电影也很好。另外，定期和家人、朋友聚会，这些都是重要的“弹药补给”。

第二，思维精力。人的大脑像是个“电老虎”，重量只占人体的2%却消耗25%的氧气。大脑的某个区域长期不使用会萎缩。为了防止大脑萎缩，务必定期切换思维方式，确保大脑各区域平衡使用。也要记住，乐观的情绪非常有助于恢复思维精力。

另外，就是要确保良好的睡眠，这对大脑很重要，对思维精力也非常重要。很多都市人都有失眠的毛病，人们经常躺在床上准备睡觉，脑子里还在回放一整天经历的各种事情。如果是这样的话，不妨在睡前用10—20分钟写日记，用笔来总结全天，这样躺下的时候就可以安心地睡觉了。同样的道理，你也可以在上班途中把一整天要做的事规划好，而不是每时每刻都在想接下来要做什么，这样非常消耗思维精力。

第三，意志精力。正向的意志也包括4个方面：热情、承诺、诚实和毅力。如果拥有正向的意志，就可以全情投入到工作和生活中去。而想要获得意志精力，一定要清楚自己的信念，只有为自己相信的东西活着，才能有充足的意志精力。

另外，人类和其他动物相比有个特点，就是我们能用意志精力去弥补体能精力。在体能即将耗尽的时候，人类可以用“钢铁般的意志”撑下去，这一点其他动物是做不到的。所以，时刻保持我们的意志精力很重要，它相当于是“备用电池”。

如果说比较物质层面，体能精力可以通过饮食等手段调节的话，那么情感精力、思维精力和意志精力就属于精神层面，它们更难调节，也更难形成习惯。如果在这4个方面都能养成习惯的话，就应该是个能保持充沛精力的人了。

6 存钱总比花钱强

核心观点：坚持“365存钱法+基金定投”，年轻人也能轻松赚取退休金。

有些人小时候会收获一个存钱罐，这是非常好的礼物，它可以说是人们最早接触到的理财工具。孩子会给自己设定存钱目标，或目标达成实现愿望，或目标失败感到沮丧。一个有存钱罐的孩子，在这个过程中能体会到什么是正向现金流。

正向现金流是个非常重要的概念，它意味着自己在理财、投资的过程中，**赚进来的钱永远多于花出去的钱。**即便要贷款负债来投资，也要通过精明的计算，保证收益高于投入。正向现金流，是抵御风险的重要手段。举个简单的例子来说，如果月收入9000元，即便有些情侣有自己和各自父母的“六个钱包”支援，也不应该购买月供10000元的房子。经历了疫情洗礼，经济受到冲击，尤其是年轻人，可能面临突然失业，现在应该深刻意识到存钱的重要性。

在理财和投资方面，习惯最为重要，它比聪明、决心等等，都更能带来长期的回报。而要养成良好的习惯，则需要和人性斗争。因为人性都是倾向于享乐、短视、今朝有酒今朝醉的。要养成良好的理财、投资习惯，可以用“365存钱法+基金定投”来实现。

“365存钱法”，是以一年为周期的存钱方法。具体操作方法是，专门开一个账户用于存钱，1月1日存入1元，1月2日存入2元，1

月3日存入3元……以此类推，到12月31日存入365元。不要小看积少成多的力量，这样坚持下来，合共能存下66795元。为了增强坚持下来的动力，最好是邀请几位朋友一起参与，建一个群，互相监督。

等到了年底，存款有66795元，这些钱如何使用呢？首先可以拿出6795元犒劳自己，然后把剩下的60000元平均分成12份，找一支稳定的指数型基金，以每月定投的方式买入。定投的好处，是采用“平均成本法”（Dollar Cost Averaging）分摊投资风险。在基金定投的同时，还要继续“365存钱法”，这样循环往复，坚持10年以上时间。

不要小看习惯的力量。可以说，**投资中唯一可信赖的只有习惯。**理想的情况是，一个25岁的年轻人坚持10年“365存钱法+基金定投”，累积60万本金，投资一个年化收益15%的指数基金，那么，30年后其将拥有超过400万元的退休金。当然，这只是简单介绍，在具体操作（尤其是基金投资）中，还是有很多具体需要学习和研究的知识。

一个保守主义的聪明投资者，通常是务实而谦卑的，奉行简单的道理。芒格曾说：“对我们来说，投资等于出去赌马。我们要寻找一匹获胜几率是二分之一、赔率是一赔三的马。你要寻找的是标错赔率的赌局。这就是投资的本质。”主动抛弃自作聪明的想法，养成存钱的好习惯，抱朴守拙，才是战胜人性、跨越时间、穿过窄门的正途。

7 经常总结自己的优劣势

核心观点：每半年给自己做一次SWOT分析，对客观看待自己的处境很有帮助。

人贵在有自知之明，而当局者迷，了解自己是最困难的，只有站在旁观者的角度，才能较为客观地看待自己，这被称为**“人类学视角”**。这时候，如果借助一些分析工具，能帮助我们更加理性地看待自己。这类工具有很多，**好的工具不需要太复杂，简单易上手反而比较重要。**比如，广泛使用于企业竞争态势和市场营销分析的“强弱危机分析”（SWOT Analysis）就是非常好用的分析工具。

SWOT四个字母，分别代表了四个指标：优势（Strengths）、劣势（Weaknesses）、机会（Opportunities）和威胁（Threats）。这套工具不仅可以用在企业分析上，用在总结个人的优劣势上也是非常有效的。它的原理并不复杂，举个例子就能看懂。

比如，有个大学应届毕业生小王，他收到一份来自保险公司销售岗位的聘用通知书，不知道自己是否胜任，于是他就给自己做了一次SWOT分析。分析结果如下：

表5-1 入职前小王的SWOT分析表

	对达成目标有帮助的	对达成目标有害的
内部（组织）	Strengths（优势）	Weaknesses（劣势）
	毕业于985大学精算专业 是知识分享网站的“大V” 为人正直，不说假话	性格内向不擅交际 出身普通家庭缺乏人脉 压力大时容易情绪失控
外部（环境）	Opportunities（机会）	Threats（威胁）
	国家政策扶持商业保险 保险行业的深度和密度挖掘空间大 公司有非常完善的培训系统	同行人数众多，竞争大 对保险行业抱持偏见的人很多 行业流失率较高

基于以上分析，小王觉得如果回避自己不擅交际的劣势，而采用精算专业的优势，借助在互联网上的影响力优势，来弥补自己人脉不广的劣势，或许是可以胜任这份工作的。基于这份客观分析，他接受了保险公司的聘用。很快半年过去了，为了总结自己过去一段时间的工作成绩，小王又给自己做了一次SWOT分析。分析结果如下：

表5-2 入职半年后小王的SWOT分析表

	对达成目标有帮助的	对达成目标有害的
内部（组织）	Strengths（优势）	Weaknesses（劣势）
	熟练掌握产品和销售技巧 两次获得月度销售冠军 累积了20名客户	客户偏年轻，未能挖掘中产客户 客单量小，平均每单只有1000元 沟通不足，跟丢了7名客户
外部（环境）	Opportunities（机会）	Threats（威胁）
	即将推出新产品，有竞争力 公司与某银行达成战略合作 传公司3年内有上市计划	保险公司丑闻影响公信力 政策新规限制销售范围 经济下行客户疑虑多

做完SWOT分析后，小王觉得过去半年没有做到最好，仍有提升空间，但是未来的发展还是很有希望的。而且，他非常清楚要在哪些方面改进。和许多同龄人凭感觉或好恶来择业不同，小王非常客观理性地给自己做了职业规划。他每半年给自己做一次SWOT分析的习惯，相信会使他在工作中突飞猛进，不出几年就能超越很多同龄人。

8 如何提升审美？

核心观点：审美虽然很难提升，但还是有方法的，方法就是像对待宗教一样对待审美。

一个人没有钱很容易看出来，但没有审美能力却不容易看出来。如东施效颦，别人都觉得丑，但东施本人肯定是不自知的，否则她也不会做这种事。所以木心曾经说："没有审美力是绝症，知识也救不了。"不过，这话说得过于绝对，审美能力当然是可以通过练习培养的。

著名的教育家蔡元培提出过"美育"的理念。在蔡元培所撰写的《美育与人生》中，他写道："人人都有感情，而并非都有伟大而高尚的行为，这是由于情感推动力的薄弱。要转弱而为强，转薄而为厚，有待于陶养。陶养的工具，为美的对象；陶养的作用，叫做美育。"蔡元培认为，美育的内涵应该包括三个方面：第一，美育是具体（美的对象）和抽象（美的感情）相结合的教育；第二，美育是感性（审美实践）与理性（美育理论）相统一的教育；第三，美育是真（知识的求真）、善（人性的向善）、美（人格的纯美）相合一的教育。用美育的方法，就可以逐渐培养审美。

那么，"美育"的具体方法是什么呢？蔡元培有一句著名的口号："以美育代宗教。"所以，我们只要参考一下有宗教信仰的人平时信教的方法，就是培养审美力的方法。

首先，有宗教信仰的人会定期去庙宇或教堂参拜，有鉴于此，提高审美能力也要经常逛博物馆、看展览、看艺术展等。即便是逛商场，如果带着提升审美的目的，也可以多留意各种设计、款式、潮流，抱着学习的目的，而不是消费的目的。

其次，有宗教信仰的人会经常阅读宗教经典，有鉴于此，提高审美能力也一样要进行大量相关书籍的阅读。阅读的内容，包括各种图册、杂志、理论著作，以及大部头的艺术史等。通过向艺术大师、评论家和专业人士的学习，来提升自己的审美。

再次，有宗教信仰的人会经常和其他教友讨论教义，有鉴于此，提高审美能力也要找到志同道合的朋友，经常在一起讨论关于美的话题。如果有机会参加专业性的研讨会，那也千万不能错过。在高质量的讨论中可以交换彼此的观点，完善自己的审美认知。

最后，有宗教信仰的人偶尔还会参加宗教研修班，有鉴于此，想提高审美能力也可以报读相关课程，最好是专业院校推出的专业课程。如果有志于在审美上有所建树，甚至可以攻读相关学位，以便从事和审美相关的工作，像“传教士”一样传播美。

综上所述，没有审美能力绝对不是“绝症”，它还是有药可医的。信教讲究的是“虔诚”，对待审美的态度也应一样。对审美的付出和投入绝对是值得的，因为审美能力一旦培养起来，便很难改变和丢失。而且审美还是一种可以传承的财富，能够在家族间薪火相传。

9 需要提防的“大方”

核心观点：让人放弃的理由千千万，坚持下去的理由只有一个：真的想要实现目标。

日本企业家稻盛和夫被称为“经营之圣”，他曾经创办京瓷和第二电信电话两家世界500强企业，也曾经帮助濒临破产的日本航空重新上市。因为出身贫寒，小时候家里吃不饱饭，13岁差点因肺结核夭折，稻盛和夫体会过地狱和天堂的两重天。所以，他提倡“利他之心”和“敬天爱人”的经营之道。同时，他对别人直言不讳，常常把一些富人“看破不说破”的话，毫无保留地告诉提问者。有次，记者问他穷人和富人的区别。稻盛和夫说，越是贫穷的人，越会在以下四个方面“大方”：

一、在时间上大方。在穷人的价值观里，最不值钱的就是时间。穷人往往会把时间浪费在没有意义的事情上，如无效社交。对富人来说，时间不是等于金钱，而是大于金钱。富人无时无刻不在做好准备、寻找机会，所以当机会真的出现的时候，富人往往能成功抓住。富人不太会花很多时间和商家讨价还价，因为在这上面花的时间可以创造更多财富。穷人正好相反，他们会因为讨价还价省下一点钱而沾沾自喜。

二、在花钱上大方。生活中常会发现越有钱的人越抠门，在消费上越精打细算，因为他们的节约观念很重，甚至有时不近人情。德国富豪西奥·阿尔布雷希特（Theo Albrecht）有次看到秘书订了4支圆珠笔，暴跳如雷地要求她同时用4支笔写字给他看。反观越穷的人越要面子，花钱越“大方”。月收入几千元却穿着上万的衣服，用着上万的名牌包，过着入不敷出的日子，没有任何投资理念。这种现象被称为“富抠门”和“穷大方”。

三、在言论上大方。穷人往往喜欢夸夸其谈，畅想未来，关心娱乐明星的八卦。他们之所以关心这些，根本原因是喜欢说大话，因为他们关心的事情距离他们很远，和自己毫无关系，所以也没有人在乎他们说的对不对。而富人不同，他们大多数情况下只谈论和自己有关的事情，就事论事，弄清楚问题所在，并付诸行动，甚至对过于遥远的国际新闻都不太关心，富人只关心自己能改变的事情，根本原因是他们的确有能力改变。

四、在放弃上大方。网上流传一句话：晚上想想千条路，早上醒来走原路。穷人最大的特点就是轻言放弃，他们在做事情的时候，遇到一点困难就选择放弃，做事三分钟热度。而富人一旦制订了计划，即使中途遇到困难，也会选择继续坚持下去，直到完成目标。越是远大的计划，有意义的事业，就越需要付出时间，忍受煎熬，才能取得成功。让人放弃的理由千千万，坚持下去的理由只有一个：真的想要实现目标。

摒弃以上这四种“大方”，变成一个在这四个方面“吝啬”的人，是非常好的财富习惯。

案例五
“我的事都做完了，那还等什么呢？”
——柯达创始人伊士曼的精彩人生

1932年3月14日，美国著名企业家，柯达公司创始人乔治·伊士曼邀请数位好友到他的公寓，目的是为了见证伊士曼改写遗嘱。他决定把他的大部分钱财，包括巨大的豪宅，捐赠给他一生视为家的城市——罗切斯特（Rochester）。另外，他单独拿出200万美元捐赠给罗切斯特大学，还向他经常光顾的牙科诊所捐赠了一大笔钱，希望全市所有孩子都可以找到合适的牙科医生。最后，他把20万美元留给他心爱的侄女。

伊士曼笑容可掬地签署了遗嘱，并向他的朋友们保证，这确实是他所有的愿望。然后他还提醒朋友们作证，他在签署遗嘱时是神志清醒的，以确保遗嘱的执行不会受到任何质疑。签署完成后，伊士曼希望自己单独静会儿。不一会儿，屋里传来惊悚的枪声。朋友们冲进房间，只见伊士曼拿手枪朝自己的心窝开了一枪，当场毙命。在他的遗体旁边放了一张小字条，上面写道：“给我的朋友们——我的事都做完了，那还等什么呢？”见此场景，朋友们泪洒当场。

自学成功才的发明家

伊士曼出生在一个非常重视教育的中产家庭，父亲老伊士曼曾创办伊士曼商业学院，一家人衣食无忧。可是小伊士曼7岁那年，父亲因为脑部疾病溘然离世，留下妻子和3个孩子，其中伊士曼的妹妹还患有小儿麻痹症。从此，伊士曼一家陷入了艰难的生活，小伊士曼必须自力更生。

14岁时，伊士曼为了养家从高中辍学，在罗切斯特一家保险公司工作，每星期的工资只有3美元。工作之余，他还兼职做销售。晚上又报夜校，自学会计。伊士曼工作一丝不苟，从有第一份收入开始就认真记账，把自己的存款打理得有条不紊。后来他进入罗切斯特银行工作，年薪800美元。虽然伊士曼竭尽全力赚钱，但妹妹还是因小儿麻痹症并发症而去世了。伊士曼悲苦万分，把她埋在了父亲的坟墓旁。说句题外话，伊士曼一生没有结婚，也没有子嗣。据说这和他的家族遗传病有关系，他知道自己身体欠佳，晚年也因为病痛看透生死，所以才选择结束自己的生命。

工作之余，伊士曼最大的爱好就是摄影。1879年，伊士曼25岁，他斥巨资94美元买了一个照相机，然后又花了5美元学习如何使用设备。伊士曼痴迷摄影，但因为当时的照相机过于笨重，操作起来非常吃力。有次，他打算和母亲去中美洲旅行，带了摄影器材准备给母亲拍照。当时一套摄影器材，包括一个微波炉大小的相机，一个重型三脚架，一沓纸，湿漉漉的玻璃底片，放底片的盒子，一顶用作暗室的帐篷，以及用于冲洗底片的各种化学药品，加在一起需要一辆马车才能全部装下。他抱怨说："户外摄影师不仅需要强壮，而且还要不怕死。"于是，伊士曼打消了旅行的念头。回家后的伊士曼开始到处搜集关于照相机的书籍、杂志，自己动手改装摄影器材。他买来各种化学试剂在家里做实验，由于太过专注，连女友都受不了了，提出分手离他而去。

当时的照片是在玻璃上涂明胶成像，玻璃易碎且沉重。更为麻烦的是，必须要在玻璃湿片没有干燥前就将其冲洗。所以，要随身携带帐篷才能完成摄影。伊士曼希望能发明一种在干板上的技术。当时的伊士曼并没有化学知识，完全靠自学。

“让摄影像使用铅笔一样简单”

功夫不负有心人，伊士曼成功发明出了干明胶的胶片，并取得了专利。1886年，他又在同事的协助下研制出卷式感光胶卷，并命名为“伊士曼胶卷”。同年，他还研制出了新式照相机。1888年，小型照相机“柯达一号”问世。还记得当年他自己买照相机时花了94美元，而他现在研发的小型照相机售价只有25美元。1892年，伊士曼柯达公司正式成立。伊士曼还发明了一套全新的商业模式，客户拍完照后把胶卷寄回公司，由公司负责冲洗，冲洗费为10美元。照片冲洗完成后，公司在邮寄给客户时，会附赠一卷新胶卷。为此，伊士曼还写了一句广告词：“你按下快门，剩下的事交给我们。”

良好的商誉是经商的根本。有一次，柯达公司制作的胶卷出现了质量问题。伊士曼二话没说，召回了所有胶卷，并且全额退款。而当时的美国，并没有像今天这样的《消费者保护法》，伊士曼完全没有必要这样做。这次召回，差点令柯达公司破产。但是伊士曼坚信，失去客户的信任将给柯达造成更大的损失。果不其然，破格的售后服务就像长了脚的宣传机，为柯达公司迎来了无数掌声，培养了客户忠诚度。

如今回顾起来，一切仿佛顺风顺水。而在实际的过程中，为了改进胶片，伊士曼像爱迪生一样尝试了无数种材料。他回忆说：“我还通过使用纸作为临时支撑物并将纤维素立即涂覆在纸上，然后用乳液涂覆来进行实验。我毫不费力地从纸上剥离纤维素，纤维素黏附在乳液上并从纸上分离出来。”很难想象，一个高中辍学生是怎么做到的。

伊士曼和爱迪生确实是同时代的人。据说，1889年爱迪生以“同是发明家”为理由给伊士曼写信，要求采购“柯达一号”时享受特殊折扣。爱迪生曾经在信中写道：“请就您的柯达相机给我们报价折扣，现在标价为25美元，请重新给相机定价，更改标价为10美元。您真挚的，爱迪生留声机公司，T.A.E.”爱迪生葫芦里卖的什么药呢？1891年，爱迪生在伊士曼感光胶卷的基础上，发明了活动电影放映机。与其说爱迪生是伊士曼的客户，不如说他是伊士曼的竞争对手。

一生执着，雄霸百年

1900年，伊士曼推出了革命性的，也是让柯达公司真正足以称霸世界的“布朗尼相机”。布朗尼相机的售价只有1美元，甚至连儿童都买得起。产品一经推出，立刻销售超过100万台。伊士曼终于实现了当年的愿望——在开始研发相机的时候他就立志，将来的摄影要像使用铅笔一样简单而欢乐。在1908年时，柯达公司的全球雇员已经超过5000人，遍布美洲、欧洲和亚洲。尤其在一战之后，美国没有受到战争冲击，全世界越来越依赖美国商品。柯达借助这股浪潮，垄断了全球超过75%的市场份额，以及超过90%的利润，可以说是名副其实的行业龙头。

或许因为伊士曼最初是从胶卷入手革新，所以柯达公司的营利模式始终围绕胶卷展开。相机虽然越来越便宜，但是冲洗照片和更换胶卷的价格却仍然维持在10美元。这种商业模式，和“剃须刀与刀片”“打印机与墨盒”“游戏机与软件”是一样的原理，主要通过耗材获取利润。1930年，柯达公司入选道琼斯工业平均指数成分股。这一殊荣，意味着柯达是美国蓝筹股中的顶尖股票。而在平均每两年就有一只股票被踢出局的背景下，柯达公司榜上有名长达74年，足见其实力之雄厚。

在伊士曼开枪自杀后，柯达公司依旧正常运转。世界上第一款商用彩色胶卷、世界上第一款自动化相机、世界上第一台大众摄影相机……这些纪录全都是柯达公司在伊士曼之后创造的，甚至一些纪录是柯达自己打破的。如果按照通胀换算，1967年柯达的市值比今天的通用汽车公司还要高出一截。能和柯达在某些市场一较高下的，也只有日本的富士胶片公司。

20世纪70年代以来，富士公司向柯达公司发起挑战。富士先是在日本全面抢夺柯达的市占率，然后又在1984年以高价拿下洛杉矶奥运会的独家广告赞助权，向美国市场发起猛攻。1988年，富士公司先发制人，斥巨资投入到数码相机的研发中。一个全新的摄影时代，就此拉开了序幕。被打得晕头转向的柯达病急乱投医，开始不务正业，想要靠其他行业的投资挽回败局。柯达从事过杂志、啤酒行业，甚至近年还涉足区块链、制药等等。来到21世纪初，柯达已经没有了往日辉煌。但，这是另一个故事。

让我们再看一次伊士曼的遗言："给我的朋友们——我的事都做完了，那还等什么呢？"其实，伊士曼说的没错。他把能做的事情都做完了，剩下的自是后来者要完成的使命。人的一生能取得的成就，很少能出伊士曼其右。这位传奇的人物，为世界留下了无数动人的画面。柯达的那句广告词如今仍是一代人的共同回忆——"留下精彩瞬间"。

第六章

财富投资

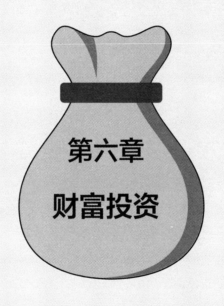

串成线的太阳

棉线太阳
普照灰黑的荒原。
一棵树?
高贵的思想
弹奏光之清调：敢有
歌吟动地哀，在那
人类的彼岸。

——德国诗人　保尔·策兰（Paul Celan）

1 对“收益”的正确理解

核心观点：收益是收益，收益率是收益率，二者不能混为一谈。

收益（Earnings）是所有投资者追求的最终结果，然而，不同的投资产生不同的收益。例如，收益可以分为：随机收益、贝塔收益和阿尔法收益。

随机收益比较好理解，比如买了一张彩票中了大奖，便产生了随机收益。而贝塔收益和阿尔法收益，则是诺贝尔经济学奖得主威廉·F. 夏普（William F. Sharpe）提出的概念。他指出：和市场一起波动的部分叫贝塔收益，不和市场一起波动的部分叫做阿尔法收益。这样一来便好理解了。所谓贝塔收益，就类似于很多人喜欢购买的指数基金，基本上会跟着大盘涨跌。而阿尔法收益，则可以说是“漏网之鱼”，是所有主动型投资者都在擦亮眼睛寻找的东西。在成熟的投资市场，有无数金融精英参与主导的投资机构，都在寻找阿尔法收益。猎人多了，猎物就相对变少了。所以，越是成熟的市场就越难获得阿尔法收益。当我们选择在成熟市场投资的时候，应该尽可能有倾向地寻找贝塔收益。

另外，**收益是收益，收益率（Earnings Yield）是收益率，二者不能混为一谈。**

在经济学里，有个概念叫内部收益率（Internal Rate of Return，缩写为IRR）。内部收益率是一种投资的评估方法，也就是找出资产潜在的报酬率，其原理是利用内部收益率折现，投资的净现值恰好等于零。内部收益率衡量的是投资的收益率。“内部”一词指的是内部利率不包括外部因素，如通货膨胀、资本、成本等各种金融风险。

比如，张三从某平台借款1万元，分12个月还款，每期还款额为967.51元（等额本息还款）。那么，他的还款利率是多少呢？如果这样简单地计算：$(967.51\times12-10000)\div10000=16.1\%$，那就掉进陷阱了。而用“IRR计算器”计算的结果是：实际年利为28.5%——前后相差了12.4%，将近1倍之多。

就算是最简单的定期存款，兼顾收益和流动性也是有技巧的。有一种理财方式叫“阶梯存款法”，下面我们来具体解释一下这种方法。众所周知，3年期定存的利息比1年期定存高，如果你手上有10万元要做3年期定存，可以先把它分为三份：3万、3万和4万，分别存1年、2年和3年的定期。等到一年后，第一笔3万定存到期，把它换为3年定存继续。而两年后，之前存的2年期3万元的定存到期，把它继续换成3年定存。第三年定存3年的4万也到期了，再把它做3年定存。通过这种方式存款，你每一年都会有一笔定存到期，解决了整笔10万定存3年资金的流动性欠佳问题。使用这种方法，你既可以享受3年定存的高利率，同时每年又能有一笔应急钱。

做一个有财富素养常识的现代人，应该掌握一些基本的投资常识。在本章中，我们会逐一拆解一些在投资中比较重要的基本概念，诸如收益、风险、成本、时间等。

2 对“风险”的正确理解

核心观点：危害是贬义的，但风险是客观的。危害是结果，风险只是概率。风险不能预测，只能预防。

很多人不喜欢谈论风险，因为在他们的世界里，风险是个贬义词。但实际上，他们混淆了风险（Risk）与危害（Hazard）。例如，跳伞虽然是高风险极限运动，但降落伞没打开才会出现危害。**危害是贬义的，但风险是客观的。危害是结果，风险只是概率。**

风险可以分为系统性风险（Systematic Risk）和非系统性风险（Unsystematic Risk）。

系统性风险，也称宏观风险或大盘风险，指的是没办法通过分散投资来消除的风险，但可以通过资产配置来调整不同资产间的风险承受状况。典型的系统性风险有自然灾害、政局变动、金融危机等等。比如，2008年的次贷危机，就是非常典型的系统性风险。当时绝大多数股票都在下跌，区别只有跌多和跌少而已。

值得注意的是，风险如果可以被预测，那么它就不叫风险了。实际上，**面对风险的时候我们要做的不是预测，而是预防。**各种专家的风险预测，姑且听之，不能尽信。预防系统性风险的最佳方案，是分散资产配置。诚如《钱的第四维：财富的保值与传承》中所言，投资者要预防“单一风险”，包括单一产品风险、单一周期风险、单一货币风险和单一地区风险。

非系统性风险，也称微观风险或个股风险，指的是个人投资标的的风险，这是可以通过分散投资来消除的风险。比如，2014年的獐子岛扇贝“绝收”事件，就是典型的非系统性风险个案，造成了8亿元左右的损失。非系统性风险其实比系统性风险容易预防。

在投资风格上，可以将投资者分成“主动投资”和“被动投资”两种类型。主动投资者寻找阿尔法收益，被动投资者寻找贝塔收益。只要做一个被动投资者，就能有效预防非系统性风险。举例来说，如果你把所有资金都押注到1家公司，那么你的投资就和这家公司生死与共了。但如果押注到5家公司，那么其中1家公司的涨跌不足以动摇你的基本盘。更进一步，如果你把资金分散投入到200家公司，每家公司只投入0.5%，那么一家乃至几家公司带来的风险，对你来说都可以忽略不计了。

但是你可能会问，哪有时间管理200家公司的投资？别担心，早就有工具解决这一问题，那就是：指数基金（Index Fund）。所谓指数基金，是指按照某一标准选定一部分符合条件的股票，被选中的股票构成一个指数。简言之，作为投资者只要选择一个偏爱的标准，例如行业、国别或者货币，然后投资符合标准的指数基金，即相当于投资了大量符合标准的股票。近年投资市场波动较大，指数基金越来越受到追捧。

风险是一个不需要害怕的客观存在。电影《重返地球》中的台词特别适合用来形容风险：**“危险那么真，恐惧可选择。”**

3 对“成本”的正确理解

核心观点：在投资中只有四个要素需要考虑，分别是收益、风险、成本和时间。

世界顶级基金管理公司领航集团创始人约翰·C. 博格（John C. Bogle）写过一本被一再验证其正确性的著作，名叫《共同基金常识》。在该书中，博格首次提出投资的四大关键要素，分别为：**收益、风险、成本和时间。**在所有投资中，都只需要考虑这四个要素。

博格告诉我们，在基金投资中可能存在以下成本：认购费、转手费、赎回费。按照现行的一般行规，购买一支基金的认购费通常为3%—5%，平台内转换基金的转手费通常为1%—2%，赎回费为3%左右（不少平台会豁免这笔费用）。很多人觉得，这些个位数的成本可以忽略不计，但正是这一想法，令很多人在投资中赚不到钱。如果今年你投资基金的年收益为10%，中间经历过一次转手，那么收益可能就只剩下5%。当我们讨论实际收益的时候，还要扣除通货膨胀成本，那么实际上或许就没有收益了。

在书中，博格提供了一项有趣的统计。转手费并非是一开始就存在的成本，在美国，它于20世纪70年代初期才产生。有趣的现象是，在20世纪70年代以前，基金投资者的转手率很低，长期维持在不到10%的水平。换言之，在此之前投资者通常购买基金后便长期持有。而恰恰是**转手费产生以后，投资者的基金换手率飙升。**在经济不景气时期尤甚，例如1985年高达111%，2008年105%——也就是说，平均下来每个基金投资者都在此期间转换过基金投资标的。为什么会这样呢？这主要是因为，基金经理从客户换手中有利可图，在经济不景气时，基金本身无法为基金经理带来利润，于是他们就不断打电话，希望客户换手，从而赚取转手费。这种“隐形成本”，往往被不明就里的投资者忽略。而恰恰是这些不经意的操作，导致投资者的亏损。

博格为基金投资的成本开出的药方，就是选定投资标的，然后绝不道听途说，坚定地长期持有，中间不要转手。以3%—5%的认购费为例，如果持有一支基金10年时间，那么这笔成本就会变成0.3%—0.5%。而值得长期持有的基金，一定是风险较低的指数基金。实际上，世界上第一支指数基金，便是博格于1975年以复制、追踪“标准普尔500指数”为架构创造出来的“第一指数投资信托”。在其后的数十年时间里，长期持有优质的指数基金被验证为是非常好的投资策略。

当然，这里所说的仅仅是基金投资中的成本，而在营商中成本就更加复杂了。要考虑的包括场地成本、人力成本、税务成本，外贸企业还要考虑汇率成本等。但无论如何，成本思维都是非常重要的。有了这种思维，才能获得实际收益。

4 对“时间”的正确理解

核心观点：时间是个神奇的要素，它可以增加收益、减少风险、分摊成本。

有句话所有人耳熟能详，叫“时间就是金钱”。这句话仿佛是在说要珍惜时间，提高效率，创造金钱？大错特错。“时间就是金钱”的真正含义是说，只有和时间站在同一边，才能真正创造财富——这也是“钱的第四维”念兹在兹的真谛。

在上文介绍的投资的“四要素”中，时间是个变量，它可以**增加收益，减少风险，分摊成本**。投资中最常出现的两种错误都和时间有关：一种是买了经不起时间考验的劣质资产，一种是卖了经得起时间考验的优质资产。这两种错误的共同点，都是在时间的判断上犯了错误。所以，一项投资能否经得起时间考验，是每位投资者都必须考虑的问题。对于保守主义投资者来说，一定是与时间站在同一边的，投资收益与时间成正比。相反，忽视时间的价值，只追求短期获利，注定无法获得较高的收益。诚如孔子所说：“无欲速，无见小利。欲速则不达，见小利则大事不成。”本书第五章介绍的“365存钱法+基金定投”策略，之所以能用60万元的本金获得400万元的退休金，利用的正是时间的价值。人们常常喜欢强调“复利”，而“复利”的本质就是用时间换取价值。

如果你想知道一个投资经理好不好，最好的方法就是看他如何运用时间。如果他在投资时间，争分夺秒增值自己，那么他就可能是位好的投资经理；相反，如果他只是消费时间，那么他多半不会是个好的投资经理，千万别把钱交给这样的人。

投资并不是件复杂的事，大道至简，把一些简单的道理变成习惯，持之以恒地坚持下来，便是投资的制胜法则。相反，花里胡哨的招数往往会造成损失。就像芒格说的："如果乌龟能够吸取它那些最棒的前辈已经被实践所证明的洞见，有时候它也能跑赢那些追求独创性的兔子，或者跑赢那些忽略前人最优秀工作的蠢货兔子。乌龟若能找到某些特别有效的方法来应用前人最伟大的工作，或者只要能避免犯下常见的错误，上述情况就会发生。所以我们赚钱，靠的是记住浅显的道理，而不是掌握深奥的。"

还有一个现象十分有趣，那就是**不少成功的投资者都非常长寿**，最典型的就是巴菲特与芒格这对"黄金搭档"，他们都年逾九旬，却依旧十分健康，思维活跃。前面介绍的约翰·博格，他去世时也90岁了。其实这并不奇怪，一个人一旦意识到时间的价值，就一定会注重健康，因为时间是他的朋友，谁不想和朋友相处的时间更长一点呢？那就只能在自己身上下功夫了。保持健康，努力活着，创造价值。

5 “核心资产”与“非核心资产”

核心观点：“核心资产”是安身立命的本钱，所以务必采取“消极管理”的投资策略。

曾长期担任美国耶鲁大学首席投资官的投资人大卫·F. 史文森（David F. Swensen），在他领导该校捐赠基金的20多年时间里，创造了接近17%的年均回报率，在同行中无人能出其右。他将这些投资经验写成《非凡的成功：个人投资的制胜之道》一书，在书中他提出了在进行投资前务必把个人资产分成“核心资产”与“非核心资产”的观点。

对个人来说，所谓“核心资产”（Core Assets），指的是关系到自己安身立命的重要资产，而“非核心资产”（Non-core Assets），指的则是即便不幸遭遇巨额损失，也不会造成致命打击的资产。通常来说，**资产总量越大，“非核心资产”的占比也会越大。**基于这个定义，“核心资产”一定要投资于非常可靠的标的，比如国债、定存等，而“非核心资产”则可以根据自己的能力，来选择合适的投资标的，比如股票、基金等。

值得一说的是，史文森也是一名保守主义投资者，所以他在书中特别讨论了“择时交易”（Market Timing）。“择时交易”指的是：选择买入和卖出的时机，并试图从中获利。约翰·博格也讨论过“择时交易”，他们不约而同地认为，“择时交易”虽然在理论上可以带来较高收益，但实际上却非常难以操作。作为普通投资者，在面对“核心资产”的投资时，务必采取与“择时交易”相反的投资策略，即“消极管理”（Passive Management）。

“消极管理”就是买入一个有价值的投资标的，然后“置之不理”，长期持有。这看上去是种“不作为”的做法，但却被证明行之有效。正如经常有人说，如果2004年买入腾讯股票一直不抛售，现在早就发财了。但问题是，人们就是忍不住要“择时”。为什么会这样呢？根本原因是，很多人不肯臣服于市场这只“看不见的手”，自大地认为能战胜市场。

美国著名金融史学家彼得·L. 伯恩斯坦（Peter L. Bernstein）在其著作《与天为敌：一部人类风险探索史》中说：“如果你相信市场效率，你是对的，最好的投资策略就是购买指数基金。如果你相信市场效率，你错了，你只能获得该市场的回报率，一些主动管理型基金会击败你。但如果你押注该市场没有效率，你又错了，主动管理型基金表现不佳的结果，可能会令你痛苦万分。简而言之，如果你押注市场的无效性而不是有效性，相应的风险就会大很多。”

在开始投资前，花一点时间把自己的资产做个分类，哪些是“核心资产”，哪些是“非核心资产”。如果“非核心资产”不足，先别急着做投资，努力去赚钱，这才是明智之举。

6 投资的“利益一致性”

核心观点：投资中如果“利益不一致”，不仅会给投资带来额外成本，也令投资更为复杂。

投资的“利益一致性”也是大卫·F. 史文森在《非凡的成功：个人投资的制胜之道》一书中提到在投资中值得关注的命题。“利益一致性”所关注的，是与投资相关各方的利益关系，尤其只有在各方利益与投资者利益一致的情况下，才能为投资者带来利益的最大化。比如，ABC公司的经营目的如果只是为管理层谋取利益的话，那么对其持份者来说就出现了利益不一致。发生于马来西亚的“一马基金”弊案，究其原因就是典型的利益不一致[1]。

我们可以思考一下，境外的投资标的在接受我们的投资时，利益是否一致？答案显而易见是否定的。某国的投资项目，其最高利益通常是为该国投资者谋利，因为只有该国的税务居民才为当地提供税收。之所以开放境外投资者进入，通常只是看重资本。所以相应的，该国通常会对境外资本征收额外的税收。于是，**在做境外投资的时候就要把税收成本考虑在内。**以下，我们就来看看美国对“非税务居民”是怎么规定的。

在美国的相关法律规定中，“非税务居民”指的是：一、在现纳

[1] 参见案例六。

税年度期间的任何时候，纳税人都不持有美国绿卡；二、在过去的三年中的任何一年里，纳税人在美国境内的居住时间不超过183天（半年）。满足以上条件的境外投资者，有机会涉及的税种可能有：股息税、利息税和资本利得税。

一、股息税。一般而言，美国会对来自美国公司的股息征收30%的税，买卖股票的券商会直接替客户扣税。例如，如果你投资的股票应该派发给你100元股利，你的券商只会给你70元。不过，由于中美之间签署了税务协议，所以目前中国内地居民应课税率仅为10%，而中国香港居民则要缴纳30%税率。

二、利息税。如果你是直接投资美国的债券，无论是美国国债、地方政府债券，还是一般公司债券，都不需要缴纳利息税。但是，如果你是通过债券基金或者债券ETF（交易所买卖基金）来持有的美国债券，那么，该基金或ETF每次派发给你的利息，仍会被美国政府视为股息，必须按照前文股息税的税率纳税。

三、资本利得税。这部分首先要区分长期资本和短期资本，界限为一年。净资本利得=净长期资本–净短期资本。这部分的税率采用累进制。净资本利得的税率一般来说是15%，如果你本身处于10%或15%的税级，那么净资本利得的税率为0。但是，如果你的收入超过了最高税级39.6%，那么净资本利得的税率会变为20%。

税务是非常复杂的机制，此处不能详述，只是举个例子来说明，如果以“利益一致性”来考虑投资回报率的时候，投资将变得更加复杂而专业。有志于提升财富素养的人，是值得花大量时间来学习税务知识的。

7 亦步亦趋跟随“周期”

核心观点：经济周期有长有短，把握周期顺势而为，才能守得住财富。

“经济周期”（Business Cycle），也译作“景气循环”，是个耳熟能详的经济学词汇，它指的是一次繁荣和收缩的时间段。这些波动通常包含相对快速的经济成长时期（扩张或繁荣）和相对停滞或下降时期（收缩或衰退）之间的变化。当前主流的经济学观点认为，经济周期本质上是对经济的纯粹随机冲击的总和，它会不定期出现。

1819年，经济学家让·C. L. 德·西斯蒙第（Jean C. L. de Sismondi）首次于著作《政治经济学新原理》中提出经济危机的论述，并于1825年的国际性经济危机中找到了论据。西斯蒙第认为经济周期的原因是生产过剩和消费不足造成的，这往往是财富分配不公平所导致。这一理论在卡尔·马克思（Karl Marx）那里得到了发展，他认为这些危机会愈演愈烈，并预言了共产主义革命终将来到。在马克思之后出版的很多著作中，经济学家进一步论述了经济周期的成因，也开出了自己的药方。例如，美国经济学家亨利·乔治（Henry George）在《进步与贫困》中认为，土地的投机活动加重了经济危机，并提出了对土地征收单一税的解决方案。

不管怎样，有一点无法否认，那就是**经济确实存在周期，而亦步亦趋地跟随这些周期进行投资才是明智之举。**进入20世纪后，许多经济学家对经济周期的研究取得了不少成果，而且也诞生了多个值得参考的经济周期。它们的时长不同，但同时在发生作用。

一、基钦周期（Kitchin Cycle）：3—5年。约瑟夫·基钦（Joseph Kitchin）是英国商人，他通过分析美国和英国的利率和其他数据，发现了约40个月的短商业周期的证据，他的出版物引发了后来的经济学家的其他商业周期理论。

二、朱格拉周期（Juglar Cycle）：7—11年。克里门特·朱格拉（Clement Juglar）是法国医生，他于1862年出版的《论德、英、美三国经济危机及其发展周期》中提出了10年为一个循环的经济周期理论，一个经济周期会经历“上升”“爆发”和“清算”。

三、库兹涅茨周期（Kuznets Cycle）：15—25年。西蒙·S. 库兹涅茨（Simon S. Kuznets）是俄裔美国经济学家，他把经济周期与人口流入或流出以及它们引起的建筑建设强度变化联系在一起，因此这种周期也称为“人口”或“建筑”周期。

四、康德拉季耶夫周期（Kondratieff Cycle）：45—60年。尼古拉·康德拉季耶夫（Nikolai Kondratieff）是苏联经济学家，他在1925年出版的著作《经济大周期》中提出这一观察，与荷兰两位经济学家雅各布·范·盖德伦（Jacob van Gelderen）和所罗门·德·沃尔夫（Salomon de Wolff）在1913年得出的结论类似。

春生夏长，秋收冬藏，天地万物，皆有周期。经济周期决定人生财富的命运，只有紧跟周期，尤其是在不该折腾的时候不折腾，才能在财富之路上守得住财富。

8 为什么要成立“家办”？

核心观点：有能力成立“家办”可以说是创富者给自己颁发的一张“奖状”。

家族办公室（Family Office，简称“家办”）是个越来越广为人知的概念。1882年，洛克菲勒建立了近代意义上的第一个家族办公室。从诞生之日起，“家办”就是为超高净值人士及其家族成员服务的财富管理公司。经过100多年的发展，如今已经颇为成熟。那么，“家办”和一般的财富管理公司有什么区别呢？主要的区别在于服务对象的专注性。虽然“家办”未必只服务一个家族，但它服务的范围也仅限于非常小的范围内。

一个合格的“家办”能够提供的服务包括：财务服务（财富管理、报告记录、资产配置、预算管理等）、战略服务（商业建议、置业规划、传承规划、教育规划等）、行政服务（公益事业、银行对接、公司行政等）和顾问服务（税务顾问、法律顾问、风险管理、合规建议等）。可以说，一个合格的“家办”能够帮助家族实现专业化管理，用系统而不是凭运气让家族得以延续，大概率打破“富不过三代”的魔咒。虽然一般财务公司也能解决这些需求，但是“家办”能和客户保持更加紧密的联系。

当然，成立“家办”也是有风险的。首先，昂贵的运营成本是成立“家办”的第一个阻碍。成立“家办”不难，但要吸引顶尖人才为家族财富服务，成本是极其高的。在过去几年中，“家办”的运营成本持续上升。为了维持“家办”的运作，家族财富的投资能力面临严峻挑战。实际上，由于疫情影响，过去几年有不少“家办”面临倒闭的局面。

其次，复杂的法律和税务结构也会影响“家办”的运作。由于家族财富非常庞大，肯定要全球配置才能保证安全，但与此同时，全球各地都有不同的法律和税务结构，如果不妥善处理，很可能造成损失。资产规模越大，管理难度就越大。

最后，随着“家办”越来越多，“家办”之间的竞争也越来越大，对优质投资机会的争抢日趋白热化。“家办”和各大银行、保险公司等等也要竞争。另外，有些财富管理公司也存在滥用“家办”之名的现象，打着“家办”之名，实际上则是在销售其理财产品。

综上所述，**有能力成立“家办”可以说是创富者给自己颁发的一张“奖状”。**成立“家办”的最低门槛需要100万美元，真正专业的“家办”需要准备至少1亿美元资金。不过在成立“家办”之前务必先问自己三个问题：一、自己的专业知识是否足够？二、自己的人脉关系是否足够？三、自己的资金准备是否足够？条件足够的话，甚至可以自营一个“家办”。成立“家办”不代表可以做“甩手掌柜”，而是为了财富“升维”做准备。

9 再穷也要挤进富人圈

核心观点：你身边最亲密的5位朋友的财富和智慧的平均值，就是你的财富和智慧值。

美国财富作家吉姆·罗恩（Jim Rohn）曾提出这样一个理论：“与你亲密交往的5个朋友，你的财富和智慧就是他们的平均值。”按照这个理论去审视一下自己的朋友圈，如果你的圈子里都是穷人，那么你大概率也不会很有钱；相反，如果你的圈层里都是富人，那么你肯定混得也不会差到哪里去。这么说不是势利，而是事实陈述。

古人云：物以类聚，人以群分。又云：近朱者赤，近墨者黑。社会学上有个现象叫“跨代贫穷”（Inter-generational Poverty），指的是生活在社会底层的父母，他们的子女也很可能继续生活在社会底层。从宏观角度说，这当然与社会资源分配不公有关。但现实既然如此，短时期内难以改变，那么能够迅速扭转命运的方法，就只有改变自己了。如果想要打破原有的格局，就一定要想尽办法冲出圈层，向上升维。来到新的高度，看事情的角度也会不同。所以，**宁愿做富人圈里的穷人，也不要做穷人圈里的富人。**

如果说上大学前的生活是自己难以左右的，那么上大学后的人生应该争取由自己做主。**一味自我沉溺于原生家庭造成的影响，是没出息的表现。**有些人很幸运，人生中遇到了好的师长、朋友，点拨他们走上正轨。但成功不是抛硬币，明白了这个道理之后，要主动做出转变。如果能马上行动，这注定是你人生中最重要的一笔投资。

孩子天性爱玩，不知道读好学校的意义。而为人父母，应该尽可能从小给孩子打造良好的环境。在有钱人的世界里，上好学校固然有为了获得优质教育的需求，但更重要的择校标准则是思考孩子能结识怎样的同学。如果孩子的同学（从幼儿园到大学）未来都是社会栋梁，那么自己的孩子大概率也不会太差。比如孩子长大后想要创业，就很容易从同学资源中找到合作伙伴或投资人。所以，教育投资的真谛不在于学校的排名高，而在于文凭背后的圈层含金量。

《三国演义》里，刘备就是个成功突破跨代贫穷的范例，也是典型的挤进“富人圈”的案例。他织席贩履出身，但胸怀大志，先后跟随过公孙瓒、徐谦、袁绍、曹操、刘表等社会名流。他借助平台累积人脉，招募了关羽、张飞、赵云、诸葛亮等重要的文臣武将，还攀上了汉献帝被追认为“皇叔”。最终，刘备成功逆袭，造就一代霸业。

无数似曾相识的故事世代重演，任何时代都没有亏欠谁，也没有偏爱谁。向富人学习思维，建设自己的高维度圈层，努力成为强者。因为只有自己成为强者，才有能力伸出援手，帮助更多的人摆脱跨代贫穷。自助者，天助之。

案例六
《华尔街之狼》幕后真正的“狼王”
——马来西亚“80后”官商勾结的惊天大骗局

2014年，好莱坞影星“小李子”莱昂纳多·W. 迪卡普里奥（Leonardo W. DiCaprio）凭借电影《华尔街之狼》夺得奥斯卡影帝。在致谢词中，他感谢了一位名叫“Jho”的神秘人物。人们纷纷疑问：“Jho是谁？”这位“Jho”，全名“Low Taek Jho”，中文名刘特佐，是一位出生在马来西亚槟城的华人，同时也是《华尔街之狼》的投资人。而他更有名的身份，则是轰动全球的马来西亚“一马基金”弊案的幕后主脑。该弊案牵扯的金额高达上百亿美元，牵扯人物包括马来西亚首相纳吉等政要，也包括高盛等全球知名投行。而刘特佐，只不过是一个年轻的“80后”。

成功撮合中东资金投资大马

刘特佐1981年出生在槟城一个富裕的家庭，从小就读知名国际学校，后来又前往英国的哈罗公学深造。哈罗公学自古以来就是全球各地贵族、名流的聚集地，他的同学就有罗斯柴尔德家族成员、文莱苏丹的孩子等。来到这里以后，刘特佐开了眼界，知道自己的家庭虽然在当地算是有钱，但和真正的贵族比起来是小巫见大巫。刘特佐没有因此而自卑，反而被激发起了好胜心。在校期间，他会邀请同学到槟城做客，为了撑门面，他不惜借债去租豪华游艇，甚至还自称“马来西亚王子”。

大学期间，刘特佐来到位于美国费城的沃顿商学院就读，主修金融学，与美国前总统川普、“股神”巴菲特都成了校友。

在校期间，刘特佐去了一趟阿联酋首都阿布扎比，在那里，他认识了一个改变他人生的人。一天，友人安排刘特佐与阿联酋前石油部长的儿子、外交官欧泰巴共进晚餐。刘特佐口若悬河，大谈东南亚商机。欧泰巴也是位野心勃勃的年轻人，深深被刘特佐的谈吐吸引。欧泰巴于是又介绍了另一位年轻朋友哈尔墩给刘特佐认识。哈尔墩很优秀，不到30岁就掌管了一支主权基金。刘特佐见识到，运用国家资源来赚钱是多么令人兴奋的事。

二话不说，刘特佐回到美国就成立了一间公司，目标就是接触马来西亚政要，让他们相信自己可以吸引到外国资金来马来西亚投资。2007年，刘特佐终于等到了机会。

这年，马来西亚成立了主权基金“国库控股”，目标是在马来西亚南部的柔佛州开发“依斯干达经济特区”，并将其打造成可以和新加坡匹敌的金融中心。刘特佐立刻联络国库控股的主管，从中撮合国库控股和阿联酋的欧泰巴、哈尔墩相识，促成了一笔巨大的投资。而刘特佐的精明之处在于，他作为关键联络人毫不居功，而是把所有功劳都记在当时的副首相纳吉头上——没错，他就是日后的马来西亚首相纳吉。

依斯干达经济特区项目中刘特佐没有赚到一分钱，但是验证了自己的能力，以及这套商业模式的可行性。所以，做完这个项目后，他开始精心布局自己的事业。

“空手套白狼”之王

刘特佐首先要解决的是资金问题。但是他的公司名不见经传，哪有银行肯借资金给他呢？他想到一个好办法。首先，他在英属维京群岛注册了“阿布扎比科威特马来西亚投资公司”，赠送干股给欧泰巴、科威特皇室和马来西亚官员。然后对外宣称，自己的公司和阿联酋、科威特和马来西亚政府都有关系。借助这样的光环，刘特佐成功向银行借到了启动资金，买下依斯干达经济特区内的两间建筑公司和一块地。于是摇身一变，成为该项目的“投资人”。

接下来，刘特佐在非洲东部岛国塞舌尔注册了两间公司（ADIA Investment Corp和KIA Investment Corp）。而且，他给公司取名很有技巧，故意将公司名字的缩写与全球两大主权基金（Abu Dhabi Investment Authority，缩写为ADIA；Kuwait Investment Authority，缩写为KIA）的名字缩写一样。若不深究，很容易误以为刘特佐的公司和它们有什么关系。然后，刘特佐将塞舌尔的两间公司列为其在马来西亚两间建筑公司的股东——整套设计令人“不明觉厉”。

“陷阱”设好了，接下来就是等“猎物”上门。刘特佐四处放风，说阿联酋在投资完依斯干达经济特区项目之后，又开始在马来西亚各地物色投资标的。风声很快传到砂拉越州首席部长泰益·玛目（Taib Mahmud）耳中，于是他约刘特佐见面。刘特佐建议玛目，可以买下他的两家建筑公司和土地，表现出合作意愿，这样他就比较方便说服阿联酋来投资砂拉越州。玛目顺利上钩，刘特佐从中大赚了1亿美元。经此一役，刘特佐在投资圈打响名号，很多人开始相信这个不到30岁的年轻人真的有超强的人脉网。

终于，刘特佐做好了准备，想要一了夙愿，他要像哈尔墩一样，在马来西亚建立一支由他来话事的主权基金。他参考了中东国家大多以石油作为主权基金抵押物的做法，想要依样画葫芦，于是就把目光投向了马来西亚外海蕴藏丰富石油资源的登嘉楼州。

刘特佐找到登嘉楼州苏丹（该州君主被称为苏丹）米占，跟他说想要效仿阿联酋，不是以石油利润，而是以石油本身作为担保募资成立基金。为此，他还联络了高盛集团位于马来西亚的两位代表同行。一开始，米占苏丹是拒绝的。但是这时候恰好赶上纳吉当选马来西亚首相。纳吉之前欠刘特佐一个人情，便爽快答应写信给米占苏丹，促成了交易。于是，2009年由刘特佐话事的主权基金“一马基金”正式诞生。

高调骗徒，至今失踪

刘特佐与纳吉的钱权交易，从他安排纳吉与沙特阿拉伯王子图尔基见面开始。图尔基是个不得志的王子，在20多个兄弟姐妹中一直没能崭露头角。他有家石油勘探公司PSI，多年来一直经营不好。在刘特佐的撮合下，纳吉与图尔基见面后签署了一份合作协议。按照协议规定，一马基金将投资10亿美元给PSI，以参与PSI价值25亿美元的石油勘探项目。而实际上，PSI的项目估值，只是刘特佐花10万美元找估价师做出来的。接着，10亿美元就要从一马基金的账户打入PSI与一马基金合开的账户。但是，刘特佐却指示，只有3亿美元打入合开账户，其余7亿美元打入另一个神秘账户。他解释说，这个神秘账户是由PSI完全拥有的，之所以这样操作是因为之前PSI借了7亿美元给该项目，现在是还款。那么，这个神秘账户到底什么来头呢？

原来，神秘账户为刘特佐于塞舌尔成立的一家公司所有。为什么刘特佐钟爱在塞舌尔开公司呢？原因是塞舌尔允许公司合法发行“无记名股票”。无记名股票顾名思义，即认票不认人，票在谁手中，谁就是股票的主人。无记名股票方便用于行贿，所以多数国家都废除了这种股票，但塞舌尔没有。刘特佐就这样神不知鬼不觉，将一马基金10亿美元投资款中的7亿，变成了可以分赃的赃款。

刘特佐的“骚操作”还没有完。他找到美国谢尔曼·思特灵律师事务所，声称出于隐私的需求，想要开设“IOLTA（Interest on Lawyer Trust Accounts）账户”。IOLTA账户是一种律所不仅不需要核查客户资金来源，甚至还要保护客户隐私的账户，除了当事人和律师，外界不会知道资金拥有者的真实身份。有了这个账户，刘特佐就可以肆无忌惮地使用他的赃款。其中，有很多钱都是用来“报答”他的大恩人纳吉，包括“报答”纳吉的夫人和儿子，帮他们实现各种心愿。

与一般靠肮脏手段赚钱的人不同，刘特佐特别高调挥霍，在美国名流圈中声名鹊起。为什么这么高调？因为刘特佐的赚钱法则总结起来有三条：一、用看上去呼风唤雨的身份广结人脉，二、用空手套白狼的手段撮合资源，三、让所有与事者都从中获利。如此一来，自然越来越多人愿意帮他，而且大家都口风很严。

但是，世上没有不透风的墙。截至2011年，刘特佐已经从一马基金拿走了超过20亿美元。庞大的国有资产流失，终于引起了媒体的关注。2015年，马来西亚本地媒体《砂拉越报告》和美国的《华尔街日报》都提到一马基金存在舞弊，案件就此东窗事发。

一马基金的故事，由美国媒体人汤姆·莱特（Tom Wright）和布莱利·霍普（Bradley Hope）写成著作《鲸吞亿万：一个大马年轻人，行骗华尔街与好莱坞的真实故事》于2019年出版。连比尔·盖茨读完都惊呼：“太惊人了！”本文所写事迹，均来自该书。不过时至今日，纳吉仍然拒绝承认自己在此事件中有错，而刘特佐也失踪至今。更多故事的谜团，还有待解开。

第七章

财富安全

空 间

相同的光把我关进
黑暗的中心，
我想逃但徒劳无用。
有时一个小孩在那儿歌唱，
那不是我的歌声；空间很小，
死去的天使在微笑。
我被粉碎，那是对大地的爱，
这爱深沉，尽管它能使水
星和光的深渊发出响声；
尽管它在等待，等待空空的天堂，
等待它的心灵和岩石的上苍。

——意大利诗人　萨瓦多尔·夸西莫多（Salvatore Quasimodo）

1 没有财富安全，何谈财富自由

核心观点：一味指责骗子是没有意义的，只能不断加强自身的财富安全意识和知识。

如今网络上铺天盖地谈论“财富自由”，仿佛这是人生的灵丹妙药。但即便拥有了这灵丹妙药，何不问问自己，是否为它准备好了保险箱。所谓的“保险箱”，就是财富安全。

以下是一个真实的故事。在中国香港，有个出身基层家庭的普通“80后”女孩Shirley，家境贫困，没有接受过高等教育，但她从小刻苦勤奋，17岁便开始打工，先后做过超市收银员、会展助理、补习老师、机场地勤等工作。另外，Shirley有极高的财富素养和天赋。她很早就意识到纯靠工资只会成为“穷忙族”（Working Poor），吃力不讨好，所以用业余时间创立了自己的护肤品牌，赚到第一桶金。然后，她又自学理财，通过投资内地银行和房地产股票，迅速累积了数百万资本。她说：“永远不要用工作忙碌来证明自己的存在感，你要相信你的价值大于公司给你的薪金，这样你才会追求更高的薪金。有额外资金后，你便可作低风险投资，不然只会永远做穷忙族。”

虽然有数百万积蓄，但在香港根本无法实现财富自由，只够买房付首付。所以，20多岁的Shirley决定裸辞，独自前往欧洲享受无拘无束的生活。谁知刚到欧洲不久就碰上疫情，困在家中出不去，便在网上结交新朋友。Shirley认识了一位年龄相仿的女孩，两人相谈甚欢。某日，她和这位新朋友聊起理财的话题，说自己对投资方面很感兴趣，也交流了一些心得。新朋友介绍了一个投资软件给她，并没有过多的宣传和介绍。Shirley谨慎地研究了软件，看到界面提供多种语言，还有客服，相当专业。她起初只是投入很少资金，成功汇出汇入，所以便不疑有诈。看到有优惠活动，便把所有资金都注入进去。谁知，这笔钱再也取不出来，整个软件一夜之间消失了。

Shirley向欧洲警方、美国FBI、香港警方均报过案，但没有任何一方受理。她不仅痛苦万分，而且还陷入深深的自责，因为她投入的资金中，有15万港元是最好的闺蜜委托她代持投资的钱。时至今日，闺蜜仍不停上门要求她在香港的家人还钱。Shirley的故事，说明了财富安全的重要性**——没有财富安全，财富自由只是梦幻泡影。**

在财富安全这件事上，一味指责骗子是没有意义的。有些骗子，起初也不是骗子。比如“庞氏骗局”的始作俑者查尔斯·庞兹（Charles Ponzi），他起初只是看到一个商机，后来无法遏制地一步步滑向了犯罪深渊[1]。所以，创富者加强自身的财富安全意识和知识，才是保护财富的唯一秘方。当然，最能有效被保护的财富，也注定是那些无形的精神财富，因为只有你能传递，谁也偷不走。

[1] 参见案例七。

2 “人”是最大的风险

核心观点：创富者之所以得到财富，是因为他们承担了无法预测的风险。

美国经济学家弗兰克·H. 奈特（Frank H. Knight）在其著作《风险、不确定性与利润》中对“不确定性”做了定义。与前文所说的“风险”不同（参见第六章第2节），奈特认为风险是能被计算概率与期望值的不确定性，而不能被预先计算与评估的风险则称为不确定性。更为点睛的是，奈特提出利润是来自不确定性的论点。也就是说，**创富者恰恰因为承担了无法预测的风险，才赚取到财富。**所以当我们谈论财富的时候，无疑对风险怀抱着一种又爱又恨的复杂心理。一方面，我们希望风险值趋向于零。一方面，我们也知道如果风险真的归零，财富也就消失了。

在所有与财富相关的风险当中，“人”的因素无疑是最大的。人因为创造力而容易“见异思迁”，人因为觉察力而容易“朝秦暮楚”。我们下定决心相信一个人，有时候会遭到背叛。但世上无人能够“独活”。尤其是当你拥有巨大的财富梦想的时候，不得不与人协作以创造价值。但我们把权责交予信任的人，这人却可能见利忘义、知法犯法、监守自盗。另外，还有人在专门研究人性，时刻想要在你头脑不清醒时乘虚而入。那些教授低级销售技巧的信息，都是对“人性的弱点”的钻营。

人性究竟是“本善”，还是“本恶”，抑或是“白纸”，这是个争论数千年仍未有答案的哲学命题。不过，站在现代金融和法律制度的角度来看，它们显然都是站在把人作为一种风险的角度来设计的。现代社会是由大量彼此陌生的人聚集而形成的，因此，现代金融和法律制度就要在最大限度上来防范人作为一种风险有可能带来的危害。

身为创富者出于“自私性原则”希望财富在自己的家族血脉中得到传承，希望自己对家族的规划蓝图在自己百年后得以实现，这些都是人之常情。正是出于这些最原始的人性之源，现代社会才发明了诸如信托之类的工具，**用保护创富者财富和意愿的方法，激励创富者无后顾之忧地创造财富。**（参见附录一）

无论如何，在财富安全的世界里，对“人”的因素应持审慎的态度。《西游记》里，孙悟空诚心保护唐僧，火眼金睛三打白骨精，却被肉眼凡胎的唐僧误会，不仅念紧箍咒，还将孙悟空逐出师门。幸而后来得菩萨点化，师徒重归于好。在现实生活中，没有菩萨来点化我们，但我们可以用现代金融和法律工具来防范“人”作为不确定性带来的风险。

3 永远留出“安全边际”

核心观点：不给自己留出足够安全边际的人往往情绪欠佳，而且对人不够宽容。

安全边际（Margin of Safety）也称为“安全余额”，是指盈亏临界点以上的销售量，也就是现有或预期销售量超过盈亏临界点销售量的差额，它标志着从现有销售量或预计可达到的销售量到盈亏临界点还有多大的差距。这个差距说明现有或预计可达到的销售量再降低多少，企业才会发生损失。差距越大，则企业发生亏损的可能性就越小，企业的发展就越安全。在投资中，永远留出足够的安全边际也是非常重要的。

在巴菲特的话语中，安全边际被形象地描述为一条**“护城河”**。巴菲特曾经多次说过，他的成功经验主要是避开投资风险。每隔两年，巴菲特就会给伯克希尔公司的经理人写一封信，其中必定会有这样一句忠告：“你们不要忘记，经营企业如同守城，应当先考虑挖一条深沟，以便将盗贼隔绝在城堡之外。”

巴菲特成功投资的秘诀之一，就是始终保持较宽的安全边际。例如，当年他投资可口可乐的时候，外界普遍认为其股价已经过高，不具备投资价值。但是巴菲特执意这么做，理由是可口可乐稳健的股价可以让伯克希尔公司具有一条“护城河”。他认为投资这样的公司肯定是“安全”的，至少在其后相当长时期内如此。时至如今，可口可乐仍然在全球饮料行业占据首位。事实证明，巴菲特的“护城河”理论是正确的。

安全边际理论也可以运用到日常生活中，成为一种生活哲学。比如，一个家庭的月收入如果是1万元，全部花光显然是不合理的。这样一来，家庭就失去了抵御诸如疾病之类风险的能力。一个没有安全边际的家庭，在遭遇不幸的时候注定会爆发巨大的矛盾。如果留心观察便会发现，**生活中没有给自己留出安全边际的人往往情绪欠佳。**

另外，很多人片面地理解一句俗语：儿子要穷养，女儿要富养。实际上，无论儿子女儿都要用“安全边际”来养。留有充分的安全边际，可以给孩子留出犯错的空间。想象一下，如果孩子今天不慎在外面摔碎了一个价值10万元的花瓶，作为家长，你有能力轻松地承担这一后果吗？如果有能力，家长还有可能心平气和地和孩子讲道理。但是如果没有能力，家长可能只会把情绪全部宣泄到孩子身上。这样的处境，对孩子的成长是极其不好的。没有安全边际的人，往往缺乏宽容度。

所以，无论是在投资中还是在生活中，我们都要给自己留出足够的安全边际，为自己挖一条深深的“护城河”。并且，无论是选朋友还是合作伙伴，我们也要寻找那些有充足安全边际的人。近朱者赤近墨者黑，近安全边际者从容。

4 对自己的投资负责

核心观点：听所有人的意见，找少数人来商量，最后自己做决定，对自己负责。

广东俚语总是有力而传神，比如“输打赢要”四个字，就传递了一种极为恶劣的品性。什么是“输打赢要”？它来自麻将桌，形容毫无道理地强行索要。意思是：输了不肯收手，还要继续打；赢了则要收手，赶紧拿钱跑人（广东俚语叫“割禾青”）。

这种品性看上去无理取闹，但在投资中还真不少见。投资者是成年人，本来应该自己负责，我们却经常在媒体上看到投资失败而闹事的新闻。其实，不能对自己负责的人，往往也不可能累积到可观的财富。为什么？原因很简单，他没有足够的担当，所以承载不起财富的重量。这个道理，在本书中已经反复出现过了。

也有人会把责任推卸给媒体上出现的经济学家和投资专家，认为是他们给的错误建议导致自己投资失败。这里要先区分经济学家和投资专家。首先，经济学家本身并不负责给投资建议（除非他具备相关执照），而只负责解释经济现象，所以不要从经济学家那里获取投资建议。经济现象或许是人类最为复杂的现象之一，很难精准解释。因此，**没有对的经济学，只有好的经济学。**换句话说，没有堪称真理的经济学。

其次，投资专家是媒体的产物，凡是媒体的产物，都受制于大众传播，多少有从众心理。美国曾经有研究表明，上电视频率越高的分析师，预测准确度反而越低。更不要说，媒体存在“软文”的现象也不是什么秘密。何况，真正的投资专家往往不会现身媒体，因为他们忙着投资赚钱。所以，投资专家的建议是要听的，但不可以尽信。最好的投资策略是：**听所有人的意见，找少数人来商量，最后自己做决定。**

投资不仅是一项技术，更对品性素养有很高的要求。如果品性不足，输打赢要，管理不好财富，把自己置于不安全的境地，无论是对自己还是对他人都是一种伤害。有次，芒格在演讲中说：“我个人的观点是，对世界的伤害更多的来自认知缺陷，而非恶意。有一种叫做‘自我服务偏好’的心理因素经常导致人们做傻事。它往往是潜意识的，所有人都难免受其影响——你们认为‘自我’有资格去做它想做的事情，例如，通过自我透支收入来满足它的需求，那有什么不好的呢？从前有一个人，他是全世界最著名的作曲家，可是他大部分时间都过得非常悲惨，原因之一就是他总是透支收入。这个作曲家叫莫扎特。连莫扎特都无法摆脱这种愚蠢行为的毒害，我觉得你们就更不应该去尝试它。”

看过电影《莫扎特传》的人都知道，莫扎特虽然为世界贡献了卓越的音乐，但是他自己以及他身边的人都被他折磨得够呛，做个精神健康的人很重要。

5 有节制的生活

核心观点：从生态学的角度看待人生，应该是丰富的，自由的，无拘无束且有节制的。

在太平洋的南部有一个复活节岛，岛上以887尊摩艾石像而闻名世界。2011年，两名考古学家用实验移动了石像，从而揭开了这些石像的神秘面纱。美国加利福尼亚大学洛杉矶分校医学院生理学教授贾里德·戴蒙德（Jared Diamond）在其著作《崩溃：社会如何选择成败兴亡》中认为，复活节岛上曾经万木争荣，当地的统治者为了彰显君威，大量砍伐树木搬运石像，结果造成生态的毁灭性破坏，导致一个文明的覆灭。从生态学的角度来看，没有节制会带来灭顶之灾。大到文明，小到个人，道理是相同的。

有节制的生活是打开幸福之门的钥匙。1930年，英国哲学家贝特兰·罗素（Bertrand Russell）出版了一本名叫《幸福之路》的小册子。在这本书中，罗素认为，现代人过度强调竞争，认为“成功只能成为造成幸福的一分子，倘使牺牲了一切其余的分子而去赢取这一分子，代价就太高了”。所以，他提倡一种有节制的生活，指出“兴奋过度的生活是使人精疲力尽的生活，它需要不断加强的刺激使你震动，到后来这震动竟被认为娱乐的主要部分……所以，忍受烦闷的能耐，对于幸福生活是必要的”。这种留有余地的精神，暗合中国传统智慧“君子求缺”。

生态是一个系统，在《钱的第四维：财富的保值与传承》中我们也提到过。近年，全世界有越来越多的学者，无论是人类学、语言学、经济学、管理学、天文学、脑神经学等，都不约而同开始从生态学的角度来审视各自的学科。人们发现过去那种各自为战，在单独领域的突破是有局限的。同样的道理，如果人生仅仅是在一方面做努力，也会造成生态不平衡。比如，一味埋头赚钱而忽略了家庭，一味照顾家庭而忽略了事业，都是得不偿失。因此，在任何方面都要有所节制，即便奉献与牺牲也是如此。

罗素还认为，嫉妒在人生中是完全不可取的。他说："一个智慧之士不会因为别人拥有别的东西，而对自己有的东西不感兴趣。"关于恐惧，罗素认为同样不可取："恐惧是一种祸害，也因其使人偏于自我集中。"想要有所节制，就要不拘泥于人生中的某些要素。因此，罗素希望人们冲出"自我"的牢笼，做一个热情与兴味向外发展的自由的人。他说："幸福的人，生活是客观的，有着自由的情爱，广大的兴趣，因为这些兴趣与情爱而快乐，也因为它们使他成为许多别人的兴趣和情爱的对象而快乐。"这话听起来可能有点自相矛盾，但仔细品味却又不无道理：**自由的、无拘无束的人生，恰恰是有节制的。**理解了这句话，也就能理解孔子说的：从心所欲不逾矩。

6 个人信用作为金融工具

核心观点：每个人都是移动的信用提款机，管理好个人的信用评级格外重要。

20世纪40年代二战结束前夕，全球经济凋敝，唯有美国本土未遭受战争摧残。1944年7月，44个国家的代表聚首美国新罕布什尔州布雷顿森林公园内的华盛顿山旅馆开会。大会通过了《布雷顿森林协定》，规定各国的货币不准随意贬值以维持固定汇率，促进贸易的畅通，并顺利进行资本积累，以帮助第三世界国家重建战后的经济体系等决议，最为重要的是确立了金本位的货币准则。在布雷顿森林体系下，各国经济迅速恢复。不过，金本位的货币发行过量很快不足以应付经济的高速增长。于是，1973年该体系完成其历史使命，全球货币与黄金解绑，改而以国家主权信用作为发行货币的依据。

信用，成为从布雷顿森林体系解体以来经济和金融世界最为关键的核心词。不仅是国家主权信用，个人信用也是一种金融工具。在金融体系健全的社会，个人信用是可以作为抵押物借出钱来的。比较传统的做法，是通过银行抵押个人信用。所以，一个有意识经营个人信用的人，要**经常主动与银行发生借贷关系**（如办信用卡），并在银行留下良好的信用记录。信用记录越好，就能借出越多钱，甚至享受更低的借款利息。

进入21世纪以后，随着移动支付的兴起，追踪记录个人信用的互联网平台越来越多，人们已经不再仅仅依靠银行进行金融活动了。现如今，各种银行、金融机构、互联网平台的个人信用信息都是互通的。个人在进行信用贷款前，相关机构通常很容易调查其个人信用评级。所以，**管理好自己的个人信用评级就显得格外重要。**千万不要因为忘记还款期，或者在还款时少还了几元钱之类的低级错误而影响了自己的信用评级。须知，信用评级降级容易升级难，恰如一个人要自证清白一样困难。

不过，也要提防有人利用个人信用行骗。网飞自制纪录片《Tinder诈骗王》就讲述了一个以色列骗子，利用网络骗术，骗取多名女子的个人信贷的故事。该片播出之后，全球各地纷纷有网民声称自己遭遇过类似骗案，可见受骗人数众多。在骗徒眼中，每个人的个人信用都是一笔待宰的财富。

另外，世界银行提供的数据显示，全球大约有四分之一人口没有银行账户。这种人分为两种，极少部分是富有到不需要银行服务的人士，而绝大多数则是贫困到开不起银行账户的人群。可想而知，后者更加需要金融服务来摆脱贫困。想要帮助后者享受到金融服务，就必须想办法评估他们的个人信用。这是许多专家在想办法攻克的难题，诺贝尔和平奖得主穆罕默德·尤努斯（Muhammad Yunus）开创的“格莱珉银行”（Grameen Bank，意为“乡村银行”）就是一种尝试。

7 对健康越来越重视

核心观点：对健康应该越来越重视，无论对个人还是国家来说，健康都是弥足珍贵的财富。

健康是非常重要的人生财富。随着都市人工作、生活压力增大，越来越多年轻人也开始关注起健康。一种有趣的观察是，社会上最关注“养生”的是老年人和年轻人，反而作为中流砥柱的中年人常常忽视对自己健康的关注。其实，中年人不是不在乎健康，他们非常清楚自己健康的重要性。中年人上有老下有小，一旦因健康问题而倒下，对整个家庭来说都是灭顶之灾，无论积累了多少财富，都有可能因病致贫。腾讯新闻一份关于健康的调查报告显示，36岁以上人士中有41.4%“害怕看自己的体检报告”。

如何防范因病致贫？最好的方法还是通过健康保险给自己添加屏障。保险的定义、功能、特性，这些在《钱的第四维：财富的保值与传承》中都有详细论述，于此不再赘述。

据《人民日报》报道，早在2017年“身体健康”便已取代“恭喜发财”成为最热门新年祝福词汇。经历过新冠疫情洗礼之后，民众对健康的重视度明显上升。丁香医生数据研究院发布的《2021国民健康洞察报告》也显示，93%受访人认为最重要的是“身体健康”（紧随其后的是“幸福家庭”和“心理健康”，“拥有财富”排名第4，比重仅为25%），而74%受访人认为因疫情而改变了自己的生命观。而在被问及“健康代表着什么”的时候，排名前三位的回答分别是：心理健康（87%）、不生病（82%）和睡得好（81%）。

另外，受访人对“衰老”的敏感度也耐人寻味。虽然国际公认的对“老年人”的定义是60周岁以上，但受访人对于“衰老来临”的平均认知年龄是36.4岁。其中，女性相较于男性认为“衰老”会更早来临，她们心目中的平均“衰老”年龄是35.4岁。不过，多数受访者对待“衰老”的态度是正面的“乐观对待积极迎接”（11%）、“坦然接受客观看待”（46%）、“没什么感觉无所谓”（10%），而只有11%的受访人“害怕畏惧衰老来临”。

在受访者关于“猝死”回答中，超过半数从业者担心会猝死的职业包括：主播（71%）、快递员（60%）、程序员（59%）、自媒体从业者（58%）、医护人员（57%）、学生（57%）、传统媒体从业者（54%）、公关市场营销行业从业者（52%）等。

最后，有一点最为有趣，就是司机对自己有种“迷之自信”。超过4成司机认为自己从未有过心理健康困扰，对“猝死”的担忧回答中司机也垫底（48%），而37%司机认为疫情对自己的工作有正面影响。不知道是哪些因素，导致司机如此满怀信心。

总而言之，大家应该对健康越来越重视，无论**对个人还是对国家来说，健康都是弥足珍贵的财富。**

8 为什么富豪喜欢负债生活？

核心观点：富豪通过负债，节省下来的税款可能比要还给银行的利息还要划算。

每年《福布斯》都会推出富豪榜，上榜的富豪动辄都有数十上百乃至上千亿美元的资产。人们或许没有留意到，虽然这些富豪这么有钱，但是很多人都不花自己的资产，而是举债生活。为什么富豪喜欢负债生活呢？其背后是有经济原理的。

首先，富豪能这么做的前提是他们在银行有良好的信用，没有信用的话，是无法举债的。而他们的信用担保，主要就是来自他们的资产。富豪的财富结构与普通人不同。普通人大多只有职务性收入，较少的财产性收入，银行负债为零。对普通人来说，负债会让他们感到压力。但是对富豪来说，负债是轻而易举的事情。这是富豪能够负债生活的基础。并且，因为有庞大资产做担保，富豪或许还可以获得优惠利率。

其次，富人的资产通常不在个人名下，而在公司或者由信托持有的公司名下，所以他们缴纳的不是个人所得税，而是公司利得税。他们平时的多数开销，无论是餐饮、差旅、置业、买车、雇佣私人秘书等，都可以通过会计纳入公司开销。另外，通过负债还可以减少公司利润，于是便可以减少公司税务负担。**虽然负债需要支付利息，但是节省的税款可以对冲利息，甚至比直接纳税还要划算。**

另外，通胀会稀释债务，无论什么货币的购买力，都会被通胀打败，导致一年不如一年。购买力是下降了，但反过来，负债也被稀释了。而且富豪有专业团队为其打理财务，投资能力有所保证，所以对富豪来说，来年的还本付息大概率会比前一年轻松。再加上富豪通常喜欢给自己买大额人寿保险，即便不幸溘然长逝，也不用担心债务无法清偿，把债务留给家人。综上所述，你就会明白为什么越有钱，赚钱就越容易。

不过，此处必须非常严肃地指出：以上操作虽然在富豪中十分常见，但普通人可千万不能盲目效仿。因为这种操作，必须建立在拥有一定资金存量的基础上。如果本身资金存量不足，一来能借出来的钱不多，不值得这么折腾；二来普通人由于抗风险能力有限，很容易因为一些事（如疾病）而造成还款障碍，那么个人信用体系就存在崩溃的风险，得不偿失。所以，对普通人来说最好的方法是努力赚钱，而不是参与金融。

至于有多少资产存量才可以过负债生活，这需要经过专业精算、会计、汇率、税务、法律等方面咨询之后才能决定。另外，通常来说**人在年轻的时候不应该拥有过多债务，因为债务会绑住手脚。**而在踏入中年之后，随着生活稳定下来，又不能不妥善利用债务。正如本章一直强调的，个人信用是笔财富，不用就浪费了。

9 一不小心就穷了

核心观点：不要学富人的思维，而从富人的习惯开始模仿，久而久之自然会建立思维。

2019年的诺贝尔经济学奖颁给了阿比吉特·V. 班纳吉（Abhijit V.Banerjee）、埃斯特·迪弗洛（Esther Duflo）和迈克尔·克雷默（Michael Kremer），用以表彰他们在缓解全球贫困研究领域做出的突出贡献。前二者的著作《贫穷的本质：我们为什么摆脱不了贫穷》解开了许多人心中关于贫穷问题的困惑。

书中提到，不少人喜欢捐款给贫困地区，满脑子想象着那里的人吃不饱穿不暖。但实际情况是，每天0.99美元就能解决贫困地区人们一天所需的营养，他们不愁温饱。这些地区的人，宁可把救济金攒起来，然后花在购买大屏电视、手机游戏和垃圾食品上，甚至省吃俭用去买烟买酒。为什么会这样呢？因为穷人也是人，也有欲望，他们觉得这样花钱比较有面子。在吃垃圾食品的时候，他们甚至会表现得像个富豪一样，跟朋友说“享受生活”。更严重的是，由于受教育程度普遍不高，穷人控制欲望的能力更差。一个人如果接受过正规教育，会明白**在正确的时间做正确的事**，好成绩需要付出努力才能获得，因此能更好地做规划。但穷人的价值观不同，他们更倾向于及时行乐。

在田野调查中作者发现，想要让穷人摆脱一些不良习惯，理性说教是没有用的。比如一个公益医疗团队在说服村民接种免费疫苗的时候，必须用2磅豆子和一套餐具作为礼品，村民才肯来接种本来就对他们健康有益的疫苗。有人批评这样做没有让穷人理解接种疫苗的意义。但作者认为，帮助穷人一定要用穷人的认知资源，利用他们追求“即时回报”的思维习惯，同时让穷人之间产生口碑传播效应。

《贫穷的本质：我们为什么摆脱不了贫穷》是否能给我们普通人一点启发呢？有时候，我们也看不懂许多富人的行为逻辑，因为没有到达那个财富量级，靠想象是没办法理解的。但我们可以做到的是摒除偏见，只要对自己没有坏处，就可以**尝试学着模仿富人的习惯。**久而久之，或许就能慢慢体会到富人为什么要这么做了。这也是防止我们掉进穷人陷阱的其中一个方法。

案例七

本来只想赚点小钱，没想到创了个门派
——“庞氏骗局”始作俑者的故事

“庞氏骗局”应该很多人都听过，其运作模式多以投资为名义，承诺给予高额回报诱使受害人投资，看似与一般的证券基金的模式并无区别，但在庞氏骗局中，投资的回报来自后来加入的投资者，而非公司本身通过正当投资营利，也就是俗话说的“拆东墙补西墙”。通过不断吸引新的投资者加入，以支付前期投资者的利息，初期通常在短时间内就能获得回报，这样就会更有利于推广，再逐渐拉长给息时间。随着更多人加入，资金逐渐入不敷出，直到骗局泡沫爆破时，后期的大量投资者便会蒙受金钱损失。

这种骗局之所以叫“庞氏骗局”，是得名于意大利人查尔斯·庞兹。而他一开始本来只想赚点小钱，没想到创了个“门派”——这是一个关于欲望和邪念逐渐变大的故事。

小镇青年逐梦美利坚

1882年，查尔斯·庞兹出生于意大利东北部的小镇卢戈。他自称来自一个富裕家庭，不过后来家道中落。年纪轻轻的庞兹，就不得不去邮政公司打工帮补家用。庞兹很节省，不仅养活了家人，还筹得前往罗马大学念书的学费。但是入学后他交了一群“富二代”朋友，很快就声色犬马，荒废学业。庞兹不堪重负，不久便因为经济原因被退学，也没有拿到学位证。无所事事的庞兹发现，他的不少卢戈老乡都去了美国发展，用不了几年便衣锦还乡。在家人的鼓励下，庞兹远渡

重洋，做了一名“美漂”。

1903年，庞兹21岁，他来到波士顿的时候口袋里只有2.5美元。为了融入社会赚钱，他什么工作都做，洗碗工、油漆工、餐厅服务生。可令他不解的是，无论怎么努力，都没办法赚到钱，混了好几年也只是温饱。他觉得可能是气场不对，于是决定转战到加拿大的魁北克去试试运气。魁北克果然给他带来了好运气。因为庞兹会说意大利语、法语和英语，很快就在一家小银行找到了工作。

这家小银行因为规模问题，现金流比较吃紧。庞兹工作没多久，就发现银行的借贷业务好像出了点问题，于是立刻通报老板。老板解决问题的方法完全出乎他的意料。老板打算发行一个全新的高息存款产品吸引新顾客存款，试图增加银行的现金流。这样的方法解了燃眉之急，但很快现金流又耗尽了。最后，老板卷款潜逃，银行倒闭。在银行倒闭前夕，庞兹为了拿到一笔应急费用，伪造了客户签名，结果被捕，入狱三年。出狱后庞兹本想回美国，没想到又卷入人口贩卖案件，又被关了两年。

在坐牢期间，庞兹认识了一些“大人物”，比如有“冰王”绰号的华尔街商人查尔斯·W. 摩尔斯（Charles W.Morse）。摩尔斯是个著名的投机商人，他教会了庞兹很多歪门邪道和诈骗手段。1911年，庞兹终于刑满释放，回到波士顿。

无意中发现商机

回到美国之后，庞兹还在四处寻找机会，毕竟来美国一趟，不混出点名堂怎么好意思回老家。但是，在接下来的8年中他换了无数工作，始终没有任何起色。到1919年，庞兹终于想通了，既然自己不适合打工，那就干脆自己当老板。这年夏天，他注册了一家广告公司。他写了好多信给位于欧洲的朋友们，向他们介绍自己的业务。

过了几周后，庞兹收到一封来自西班牙友人的信。这封信件里，有一张国际回邮券。国际回邮券是一种特殊时代的产物。当时正值第一次世界大战结束不久，世界经济混乱。国际回邮券是某国邮政局发行，容许某国国民寄送给另一国的对方，好让对方支付邮资的票据。各国之间有协议，允许各国国民凭票兑换当地邮票。但是不同国家的邮资不同，货币不同，汇率也不同，国际回邮券是存在套利空间的。加之战后各国汇率不是很稳定，更加大了套利的利润空间。

敏感的庞兹经过计算发现，在西班牙只需要用在美国1/6的价格，就能买到一张国际回邮券。那么，如果大量套利的话，就能赚取非常丰厚的利润了。于是，他构思了一个庞大的计划。第一步，把大量美元兑换成当时的西班牙货币比塞塔。第二步，在西班牙购买大量国际回邮券。第三步，把国际回邮券寄回美国。第四步，用西班牙国际回邮券兑换美国邮票。第五步，把美国邮票卖掉变成美元。庞兹在家里越想越兴奋，这简直是个天衣无缝的商业闭环。

可是，计划的第一步就把庞兹难倒了。他拿着商业计划书去银行借钱，但是没有一家银行肯借钱给他进行这个“空手套白狼”的计划。于是，他只好向朋友借钱，并承诺会在90天内让他们的投资翻倍。当时的银行存款年利大约是5%，庞兹承诺的回报实在是太吸引人了。更重要的是，在最初的交易中，投资人真的获得了庞兹承诺的回报。有人投资了1250美元，获得了750美元利息。跟风的人越来越多，很快海量资金涌向庞兹。

雪球越滚越大，把自己压死

应接不暇的业务让庞兹忙得不亦乐乎。不过，他像多数穷人乍富的“暴发户”一样，很快就过上了奢靡的生活。他请了6名员工，买了大豪宅，并于次年1月成立了证券交易公司——“跟着庞兹有钱赚”的名声不胫而走。

1920年6月，新公司成立短短半年时间，庞兹便筹得3300万美元。他把所有钱都存在波士顿汉诺威信托银行，他有个野心，就是当自己的存款多到一定程度的时候，就把整间银行吃下来，自己成为总裁后，风风光光回老家，光宗耀祖。在鼎盛时期，甚至全波士顿有3/4的警察都参与到了庞兹的投资里。

但是，在整个过程中难道就没人怀疑过，国际回邮券这么廉价的一张纸，真的能撑起如此庞大的生意吗？当然有人怀疑过，但是投资人只要一收到利息，立刻就释然了。

1920年7月初，《波士顿环球报》发表了一篇文章，质疑即便庞兹买到全世界所有的国际回邮券，也无法兑现如此高昂的利息。紧接着，该报再发表文章，进一步有理有据地质问：为什么庞兹把所有资金都存在一间年利息只有5%的银行，却可以向投资人支付90天高达50%的利息，这究竟是怎么做到的？

《波士顿环球报》不依不饶，还请来知名记者克拉伦斯·巴伦（Clarence Barron）参与调查。巴伦通过计算指出，如果庞兹的计划可行的话，则必须买进1.6亿张国际回邮券。不过，在市面上流通的国际回邮券不过才区区2.7万张而已。这一结果，比《波士顿环球报》一开始的猜测还要让人大跌眼镜。随后，美国邮政总局也作证，从始至终根本就没有大量买卖国际回邮券的记录。巴伦更认为，虽然国际回邮券的套利空间存在，但是交易成本就会抹平利润。所以，庞兹的投资机会是一个彻头彻尾的大骗局。庞兹的骗局被识破了，汹涌的人潮前往银行挤兑，结果把包括汉诺威信托银行在内的5间银行搞垮了。

一个月后，对庞兹的审查结束。庞兹一共负债700万美元（合今约9700万美元），造成的损失高达2000万美元（合今约2.6亿美元）。最为讽刺的是，庞兹真实交易过的国际回邮券，只有区区61美元而已。眼看大势已去的庞兹，终于向联邦政府自首。最终，庞兹总共被起诉86项欺诈罪，判处5年有期徒刑。服刑3.5年后，庞兹获得假释出狱。他又想故伎重施，前往佛罗里达行骗，结果被捕，1934年出狱。美国政府受不了庞兹，将其递解出境。庞兹晚年落魄，于1949年揣着75美元去世。

如果时光倒流回1919年，其实庞兹真的是发现了一个商机。如果不是贪心，赚点小钱然后做正经生意，或许就不至于酿成大祸？但在加拿大监狱里跟“冰王”学了那么多诈骗术，他或许迟早都会走上犯罪道路？又或许，在银行看到老板玩弄“后钱补前钱”伎俩的时候，就已经为庞兹打开了潘多拉魔盒？还或许，在罗马大学里认识那些不务正业的同学时，就已经注定庞兹的人生不可能安稳度过了？如果时光可以倒流的话，如果人生可以重来的话，真不知道会是怎样光景……可惜，人生没有如果。如今，我们用一种特殊的方式记住了庞兹，每当看到“传销会”“老鼠会”“资金盘”等新闻的时候，他的名字就会从我们嘴里蹦出。他留下了那个遗臭万年的名词：庞氏骗局。

第八章

财富教育

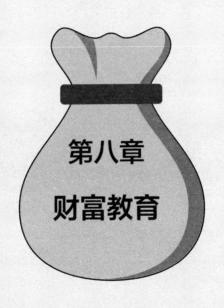

枝头

一只小鸟
落在松枝上，
啾啾歌唱。

它突然挺立，箭一样
飞向远方，
歌声中变得渺茫。

小鸟是一块木片
善于歌唱，伴随着歌声嘹亮，
活活地烧光。

抬望眼：空荡荡。
只有寂静
在枝头摇晃。

——墨西哥诗人　奥克塔维奥·帕斯（Octavio Paz）

1 最好的教育是“Bildung”

核心观点：教育没有“完成”的时候，它是自我陶冶的过程，是伴随终身的事业。

教育是古今中外有识之士共同关注的话题，为人师者通常受到人们尊敬，从中国的孔子到古希腊的苏格拉底，概莫能外。良好的教育，自然也是人生宝贵的财富。不同的文明，不同的国家，其教育理念和教育成果也不尽相同，这点可以从字面上看出。

在中文中，教育的“教”字由“孝”和“攵”（音同扑）组成。“孝”是儒家最重要的美德之一，《孝经》说：“身体发肤，受之父母，不敢毁伤，孝之始也。”而孝的内涵，则不仅限于与父母的关系，可以引申为珍视一切赐予，怀感恩之心，亦即“报本”。国学大师钱穆说：“由于慈孝而推广到人与人相处的一番‘亲爱’之情。人群中必需有此一番‘亲爱’，始能相处得好。”而“攵”的意思，则是用手打、敲、击等。所以，中国的教育理念很直接严厉，要用“敲打”的方式，让学生接受最基本的道理。

在英文中，教育写作“Education”，它源自拉丁文，“e-”和“duco-”合在一起，就是“引导”（lead out）的意思。所以，Education强调的是引导。但它也是有局限的，主要的弊端在于目标性太强，而且有一个明确的考核机制。考核机制一旦固化，就容易形成套路，让善于玩套路的人钻空子。所以在这套机制下，培养出来的往往不是有理想、有情怀、有抱负的人，而是适应这套考核机制的“人精”，即所谓“精致的利己主义者”。

在此之外，英文从德文中吸收了一个词，Bildung，是德文中“教育”的意思。为什么英文要从德文中吸收词汇呢？因为英文世界中没有相对应可翻译的词汇。和Education不同，Bildung恰恰是一套没有标准、没有范式、没有考核机制的教育。它强调的是生活中一点一滴的启迪，“教育者”对“被教育者”的所有起心动念、举手投足，都在“教育”的范畴。所以，有人将Bildung译作“陶冶”，可能是最接近的。

Bildung是黑格尔提出的。在《精神现象学》中，黑格尔把教育分为两类：第一类是Bildung，一个长期的、内在的、通过发现和解决冲突矛盾的过程，同时也是一个不断发现自我并实现自我的过程；第二类是Upbringing，是指父母、老师对儿童的教育。首先，在这里，“教育者”不一定是父母、老师，而也有可能是“被教育者”自身。其次，在Bildung的语境下，教育是没有“完成”一说的，只要在人间行走，就没有结束的时候。所以，**教育应该是自我陶冶的终身事业。**

现如今，终身教育的观念已逐渐深入人心。不过需要注意的是，并非上一些班、听一些课、读一些书就是接受教育。世事洞明皆学问，人情练达即文章，教育的精髓在生活。

2 个体在家族和社会中拉扯

核心观点：一个人奋力摆脱家族的束缚，却不得不加入“社会大家庭”，这是何等讽刺。

现代人喜欢强调独立，叛逆地从家族中抽离出来，觉得家族是一种束缚，而要投入社会的怀抱。潜台词是，家族是“私域”（Private Sphere），而社会是“公域”（Public Sphere）。然而，事实果然是这样的吗？当人们奋不顾身地从自己的家族中逃离了以后，投入的却不外乎是个“社会大家庭”，而且无数人欢迎你加入他们的“公司大家庭”“学校大家庭”，这些话听上去是不是有点“换汤不换药”的意味？好像你不肯吃家里的饭，执意要去吃村口的流水席，但这都是吃饭，没有本质的区别。

德裔美国哲学家汉娜·阿伦特（Hannah Arendt）对此问题有非常详细的研究。在其著作《人的境况》中，她指出，认为现代社会是“公域”根本上是个误会。**现代人自以为开拓了让独立个体活动的公域，事实上却一直都没有踏出私域。**她认为，私域的主要功能是为满足生存的需求而存在的，家族是经济组织的最初原型。为了满足生存需求，人必须服从各种客观物质条件。因此，所有与经济相关之事都伴随着“不得不”的特征，这些都是威权的产物。例如雇员**“不得不”**服从老板，外行**“不得不”**服从专家，孩子**“不得不”**服从家长。在这一点上，公域和私域没有本质的区别。所以，如果一个人没有办法在经济上获得超然的地位，他所前往的那个“公域”，不如说是个更大的“私域”，其“独立”只不过是自欺欺人罢了。

社会上从来不缺比你的家人对你更加严厉刻薄、不讲人情的老板、领导、同事。或许正是这个原因，不少叛逆的年轻人在脱离家人出走，被社会“虐”完一遍之后，人到中年又会回归家庭。如果以前那个他尝试脱离的家庭能够让他回去，尚属一件幸事；如果回不去，便只好重新建立自己的家庭。似乎到了某个年纪，人们会突然意识到，家族作为一个传统私域，是基于血缘为基础的归属感而建立起来的，它比“公域”（社会）起码**多了一层温情脉脉的面纱。**在家族中，威权式的“不得不”虽然同样存在，但它的特点至少是：利害一体的、异议易除的、众心一致的、同心协力的、抱团取暖的。

除非拥有超额财富，否则无法真正摆脱“社会大家庭”。但一个人获得超额财富的方式，通常又总是来自传统家族。作为现代人，难免在家族与社会的关系抉择中拉扯，谁能尽快在这种纠结中跳脱出来，做出选择，将是非常幸运的事，因为他会获得更多的人生时间，去完成更有意义的事。休想不做决定，正如英国小说家格雷厄姆·格林（Graham Greene）所说：“你总得选一边站的，如果你还想做个人的话。”

3 找到“停损点”和“停利点”

核心观点：亏损是痛的，营利是爽的，想要在赚钱的时候收手比止损难多了。

一位老司机曾经说，驾驶汽车的关键不在于方向盘的使用技巧，只要你知道自己想去哪里，双手就会自动带你前往目的地，但是油门和刹车用得好不好，则关系到你的生命安全。这个道理同样适合运用在投资上，找到一个好的投资标的虽然难，但不是最难的，问题在于，你能否在投资中找到适合自己的“停损点”和“停利点”。

“停损点”（Stop-loss point）也叫“止损点”，俗称“割肉”，意思是投资者为求保住本金或减少损失，在投资的时候遇到下跌，当机立断沽出投资标的，以免价格继续走弱导致进一步亏损。而“停利点”（Take-Profit Point）也叫“止赚点”，意思是投资者在投资前预先订定目标价，当价格触及该价位时，即沽出将账面利润套现。基本上，“停损点”和“停利点”都没有特定的标准，视乎投资标的前景、个人观点或外围环境因素等而定。

“停损点”和“停利点”是不易制定的，原因主要有以下七点：一、害怕刚做了决定，价格就发生相反的变动；二、曾经出现过与自己预测向背的情况，尤其是刚卖出就上涨，于是不自信了，心存侥幸，觉得历史可能重演；三、到处听取意见，结果众说纷纭，自己又好谋少断，做不了决定；四、留恋手上的仓位，或者说不确信当前趋势是否已经翻转；五、价格变动太大、太快、太突然，还没来得及反应，心理承受不了；七、把停损和停利都看成失败。总结起来八个字：患得患失，驻足不前。

关于止损的经典案例，近年就发生过。2020年新冠疫情蔓延全球，4月初巴菲特的伯克希尔公司以23—26美元的价格区间出售了达美航空1299万股，并在当年的股东大会上公布，已经完全脱手美国四大航空公司的持股。消息一出举世哗然，仅在达美航空的交易中“股神”就亏了48%。要知道，巴菲特在过去一直都非常看好航空股。更有人翻出他的名言质问，不是说“不持有一只股票10年，那么连10分钟也不要持有”吗？

外界怀疑，巴菲特手上的现金是不是不够了，所以要卖航空股。但翻查伯克希尔年报，发现2019年公司的现金储备为1280亿美元，为历史最高。所以，巴菲特此举不是为了套现。那么，他应该就是看到航空股的**内在价值已经低于股价**，所以选择止损了。但是止损不是任务，还要寻找更好的投资标的，为现金找去处。其实，在出售达美航空股票前，巴菲特已经增持了大量银行股票，并表示“银行股很有吸引力”。

话说回来，相对于“停损点”来说，“停利点”更难制定。因为亏损是痛的，营利是爽的，想要在赚钱的时候收手比止损难多了。但是无论多困难，投资前还是应该先找好“停损点”和“停利点”。

4 不同年纪的成功标准

核心观点：20岁有人肯带你，30岁有人肯帮你，40岁有人肯跟你，都算是成功。

世界很大，人口很多，每个人都想获得成功。从心理学角度来看，人性中想要获得成功的原始动力，是希望获得他人的认可。所以，追求金钱、名利这些都只是表象，人们真正的需求是通过这些“身外物”来获得他人的认可。没有办法，这是社会运行的游戏规则，千百年来都是一样的。不过进一步思考，既然成功是希望获得他人的认可，那么在不同的年纪，能获得的认可就是不一样的。总结起来便是：**20多岁初出茅庐，有人肯带你；30多岁设立目标，有人肯帮你；40多岁功成名就，有人肯跟你。**

想要成功，未必需要学习成功学。多数成功学教授的内容，用广东话说叫“阿妈系女人”（妈妈是女人），意思就是废话。花太多时间在学习成功学上，无异于浪费生命。相反，我们最应该树立的和成功有关的信念是：**人生的可利用时间很短暂，机会是很有限的。**一个人22岁大学毕业，60岁退休，只有38年时间创造价值。除去前面10年艰难“起飞”，后面10年安全“着陆”，真正“高空飞翔”也就18年光景，转瞬即逝。所以，切不可误以为时间很多可以浪费。巴菲特曾说：“我用一张考勤卡就能改善你最终的财务状况。这张卡片上有20格，所以你只能有20次打卡机会——这代表你一生中所能拥有的投资次数。当你把卡打完后，你就再也不能进行投资了。在这样的规则下，你将会真正地慎重考虑你做的事情，你将不得不花大笔资金在你真正想投资的项目上。这样你的表现将会好得多。”把这段话中的“资金”换成“时间”再读一次，你会受益匪浅。

当然，有人因为开窍较早、天资过人和特殊的时代际会，能取得比常人更高的成就，思想家胡适就是这样的人，值得我们学习。胡适十几岁时还不务正业，沉迷赌博。后来醒悟，发奋读书，19岁成为留美学生，师从美国著名哲学家约翰·杜威（John Dewey），实现了“有人肯带”。26岁胡适回国，得到蔡元培赏识任北京大学教授，在陈独秀创办的《新青年》上发表《文学改良刍议》，是新文化运动的先驱，实现了“有人肯帮”。而至于“胡门弟子”更是人才辈出，有台湾大学校长傅斯年、“五四运动”命名者罗家伦、历史学家罗尔纲、汉学大家杨联陞等等，实现了“有人肯跟”。

胡适在活着的时候也很强调要珍惜时间，曾经手写小诗送给朋友和晚辈，诗曰：“不做无益事，一日当三日，人活五十年，我活百五十。”胡适去世时71岁，不过他在中国近代史上取得的成就，的确是不止三倍于他的寿命。

5 冒名顶替症候群

核心观点：总是觉得自己“才不配位”或“德不配位”，自己像个“骗子”一样享有成就。

我们谈了很多关于成功的话题，但是成功并不代表一马平川，成功之后会有新的问题。1978年，两名美国临床心理学家波琳·R.克兰斯（Pauline R. Clance）和苏珊娜·A.因墨斯（Suzanne A. Imes）发现了人性中一个隐秘的角落，她们将其命名为“冒名顶替症候群”（Impostor Syndrome）。这不算是一种精神疾病，但是一种人格特质，据说70%的人都有。

“冒名顶替症候群”指的是，无法将自己的成功归因于自己的能力，并总是担心有朝一日会被他人识破自己其实是“骗子”这件事。他们坚信自己的成功并非源于自己的努力或能力，而是凭借着运气、良好的时机，或别人误以为他们能力很强、很聪明，才导致他们成功。即使现实环境中的证据指明，他们确实具备优秀才能，他们还是认为自己只是“骗子”，不值得获得成功。有研究显示，“冒名顶替症候群”在高成就女性当中较为常见，呈现程度则男女等同。另外，有些新手父母也会出现“冒名顶替症候群”。当他们看到孩子如天使般脸庞的时候，都会“受之有愧”地问自己“凭什么拥有这么好看的孩子”。

根据克兰斯和因墨斯的总结，“冒名顶替症候群”会出现以下四种常见表现。一、异于常人的勤奋：他们通常非常努力工作，从他们的角度来看，这是为了避免让别人发现自己是“骗子”。但是勤奋工作会换来更多成功与掌声，让他们持续陷入担心被识破的恶性循环中。二、名不副实的感觉：他们的工作符合别人的期待，这反而更加重他们自认为名不副实。就算向他们展示他们具备能力的证据，也会增加他们对自己的质疑。三、自以为滥用自己的魅力：他们除了展现工作能力外，可能会在职场运用自己的魅力来获得赞许，但当他们获得认可后又会认为自己的成就完全是依靠魅力得来的，与自己的工作能力无关。四、避免展露实力：为了不被人认为名不副实，这些人往往倾向于隐藏自己的实力，于是认为自己不聪明也没有才能。这些表现大大阻碍了他们施展自己的才华，说得更直接一点，会浪费他们的才华，关键是这样的人还不在少数。

其实“冒名顶替症候群”的症结在于，**无法将外在的成就内化到自我接纳上**，所以是可以通过外在的教育和内在的自我教育加以克服的。找到自己信任的人生导师很重要，如果你的自我认知无法相信自己“才堪配位”或“德堪配位”，那么可以通过人生导师的肯定来内化认知。自我教育则是在培养人类学视角，抽身于自我之外，客观公正地观察自己、看待自己，有几分证据说几分话。认识自己，接纳自己，是非常重要的功课。

6 有些人出生在罗马

核心观点：出身不能选择，但人生的道路可以选择，走自己的路，不要嫉妒别人。

人生而有不同的境遇，未必公平。面对这个不公平的世界，人们常说："条条大道通罗马。"但也有人补充了一句："有些人一开始就出生在罗马。"前者勉励人们发愤图强，不要放弃；后者则显露出淡淡的愤愤不平，甚至让人嗅到一丝"仇富"的气息。

"为什么我耗费一生的努力，只为换来别人出生时就享有的一切？"如果经常花时间在这个问题上，那可真是虚度光阴。这个世界不能实行过于简化的平均主义，希望把富人的钱一股脑儿地分掉，如果那样，就应了法国哲学家让-雅克·卢梭（Jean-Jacques Rousseau）在《论人类不平等的起源和基础》中说的："所有人都朝着镣铐的方向奔跑着，满心以为这样便可获得自由。"大企业的倒闭可能会导致大量失业、市场混乱等后果，需要付出的代价，远远大于每个人能分到手的那点可怜的现金。

当然，也不可以让过多的资源集中于一小部分人，形成不健康的垄断。为什么不可以？奥地利心理学家西格蒙德·弗洛伊德（Sigmund Freud）写过一篇名叫《一种想象的未来》的文章指出，想象一下，如果一只公猴占有了所有的性资源，那么唯一的结果便是其他公猴会想尽办法杀死这只公猴。人类社会也是一样，富人的强取豪夺势必会招致公众的反对。当然，这是个世界性命题，并不是某个社会特有的现象。

人们仇富通常是因为有些人不正当获取财富，也可能是不满他们奢侈消费及生活行为，这是可以理解的**正常化**仇富。但是，仇富心理的**扩大化**却不可取，它会令人仇视所有富人，甚至幻想只要是有钱人都为富不仁。更加不可取的是仇富心理的**偏激化**，认为富人就“该死”，或者看到富人被审判就拍手称快说“死得好”，这种心理很不健康。

其实，仇富是完全没有必要的。“仇”是一种负面情绪，凡是负面情绪总会伤害自己。更何况，根本没有必要去仇恨别人的出身更好，原因是**无论出身好坏，犯错的几率都是平等的。**一个人出生在富有家族，如果他不争气、不珍惜，就有可能犯更大的错误。意大利商人卡里斯托·坦济（Calisto Tanzi）就是典型案例[1]，他是个“富三代”，通过一系列造假，酿成了欧洲史上最大欺诈案，真可谓“能力越大，错误越大”，至今他依然身陷囹圄。每个人的人生境遇不同，但法律面前人人平等，这句话绝对是正确的。

说到底，无论是正在前往罗马的人，抑或是出生在罗马的人，都要珍惜自己拥有的一切。罗马城里的人，也要去探索更广大的世界，或者帮助更多人抵达罗马。出身不能选择，但是人生的道路可以选择，走自己的路，不要嫉妒别人。

[1] 参见案例八。

7 怎样避免成为金钱的奴隶

核心观点：不想成为金钱的奴隶，就要把每一分钱都用起来，让它来为你服务。

每个人都知道不能成为金钱的奴隶，但是在和金钱打交道的过程中往往总是难免被异化。所谓异化，是指原本自然互属或和谐的两物彼此分离，甚至互相对立。好比刚开始赚钱是为了更高的生活质量，渐渐地，却以牺牲生活质量去赚钱。于是，人就成了金钱的奴隶。那么，要怎么做才能避免成为金钱的奴隶呢？商业内幕网的专栏作家蒂姆·丹宁（Tim Denning）给出了他的十条法则：

一、用上每一分钱。我们要让钱服务于我们，为我们“工作”，就不能让它躺在账户里发霉。尤其是在经济衰退、通货膨胀的背景下，除了保留应急钱外，其他都要用起来。

二、学会投资自己。把钱花在边际效益递增的事情上，而不是单纯地消费掉。那么，投资自己就是最佳选择。学点东西，就算是多掌握一种语言也好。

三、不要炫耀金钱。炫耀金钱，只会招来同样喜欢炫耀金钱的人，于是你就会掉入无限攀比的黑洞。到后来，金钱就成为你购买虚荣心的工具，它会成为你的“主人”。

四、存一笔应急钱。专门开个账户存一笔应急钱，不要把这笔钱和日常生活的钱混在一起，存好以后把它“忘掉”，只有在“人命关天”的事情发生时才可以“想起”它来。

五、用钱解决问题。遇到问题的时候，首先想想能不能用钱去解决它，而不是反过来想，能不能不花钱就把事情解决了。只有这样，钱对你来说才算是真正的工具。

六、计算抗险能力。仔细计算一下自己的抗风险能力有多大，自己能承受的损失有多少，也就知道自己能闯的祸有多大了。计算好了以后，有事不怕事，没事别惹事。

七、学习投资知识。无论自己喜不喜欢，是否具备商科基础，都去搞懂以下概念：衍生产品、房地产、股票、保险、基金、信托、黄金、国债、数字货币、杠杆……

八、扩展思想维度。如果你觉得金钱是万恶之源，那么再多钱也没办法帮你提高生活质量。所以，刷新自己的金钱观。如果对历史感兴趣，去阅读金融史或货币史。

九、扔掉一些金钱。定期扔掉一些钱，扔到有价值的地方。比如施舍给流浪汉，捐款到公益机构，布施给庙宇等。当你学会慷慨捐钱的时候，会发现钱有不同的意义。

十、学会用心赚钱。如果你非常讨厌正在做的工作，觉得了无生趣，那么要花一点时间去拓展副业，在自己热爱的事情上赚到的钱，会比无可奈何赚到的钱“香”一百倍。

金钱是我们一生必须打交道的东西，而且这玩意儿敬酒不吃吃罚酒，稍微对它放松一点警惕就蹬鼻子上脸。所以对待金钱最好的态度是软硬兼施，不卑不亢。

8 战争时期如何理财

核心观点：战争难以避免，战争是非常极端的情况，非常时期用非常办法。

战争是可以避免的吗？理论上当然是可以的。但很遗憾，现实中很难避免。个中理由是什么？德国哲学家伊曼努尔·康德（Immanuel Kant）在其著作《永久和平论》中提出了永久性消除战争的六个条件，分别是：

一、凡缔结和平条约而其中秘密保留有导致未来战争材料的，均不得视为真正有效。这一点很容易理解，如果所谓的“和平条约”中还含有可能引发战争的条款，那么这最多只能算作“停战协议”。但问题在于，似乎即便真正的“和平条约”也是可以撕毁的。

二、没有一个自身独立的国家（无论大小）可以由于继承、交换、购买或赠送而被另一个国家所取得。换句话说，国家不是“商品”，不能由其他势力交割。

三、常备军应该逐渐地全部废除。在康德看来，如果一个国家保有常备军，那就意味着存在发动战争的可能性。如此一来，出于对该国的武力威胁的恐惧，他国也会增加常备军，于是就陷入了“军备竞赛”。但康德也指出，民众可以自发训练。

四、任何国债均不得着眼于国家的对外争端而制定。康德觉得为了发展经济而发行国债是可以允许的，但是举债会为战争提供便利，同时债台高筑也有可能导致国家破产，所以一定要禁止所有国家发行国债来支持战争。

五、任何国家均不得以武力干涉其他国家的体制和特权。逻辑严谨的康德做了一点补充，认为有一种情况可以例外，那就是当一个国家分裂成两个国家的时候，双方各执一词，而且的确对他国产生了威胁，那么才可以进行干涉。

六、任何国家在与其他国家作战时，均不得容许使用在停战之后，会使双方的信任崩塌的那类敌对行动，如暗杀、投毒、教唆叛国、投敌等。康德认为，即使在战争的过程当中交战双方也要保留一些基本的底线，否则连日后缔结和平条约的可能性都丧失了，那就更不要奢望什么永久和平的了。

换句话说，如果做不到以上六点，战争恐怕是难以避免的。但问题来了，如果战争发生了，对财富的威胁就更大了，应该怎么理财呢？二战的时候，有几个典型的故事：

故事一：一个被德国侵略的国家的一家人，妻子为了救丈夫勾引德国大兵，丈夫得救了，但夫妻二人一直活在阴影中，最后丈夫家产败光，自杀了。

故事二：一个犹太富人在瑞士银行给女儿留下了大笔存款，但有一个取款条件就是必须有他的死亡证明，他的女儿开不出这个死亡证明，最终没有取得这笔巨额存款。

故事三：一位法国犹太富人相信德国人会善待他，但他逃出德国时，钱就被全部充公了。

后来的学者总结历史教训，得出战争时期理财的两点诀窍：

第一，资产一定要分散存放，尤其要**找地方放好安身立命的核心资产。**

第二，要记住以下顺序：轻资产比重资产靠谱，黄金比房产流动性好。

9 “打工人”的痛苦之源是工资

核心观点：工资把人的时间“格式化”，让人无法做长远打算，降低了幸福感。

千百年来，人因缺乏财富而痛苦，人因拥有财富而痛苦。无论是火爆的韩剧《鱿鱼游戏》，还是最近热门的“躺平”“内卷”等概念，其实背后都是人与财富的关系。

财富，究竟为什么会给人带来痛苦？它难道不该给人带来幸福吗？无可厚非，提起财富，人们通常想到的是幸福。即便买杯奶茶的短暂幸福，似乎也是财富带来的。

要回答这个问题，首先应该理解影响幸福的最关键因素是什么。人们或许尚未意识到，归根到底，时间决定了我们每个人的幸福。为什么难以意识到时间和幸福的关系？因为财富给我们带来的幸福是容易度量的，但时间给我们带来的幸福是难以度量的。

那么接下来的问题是，我们的时间是怎么被塑造出来的？你有没有思考过以下问题：为什么每周的工作时间是5天，工资是月结，劳动合同数年一签，55/60岁退休等。这些现状，都是工业革命之后，适应社会分工协作而产生的，可以称为**“格式化时间”**。

“格式化时间”有什么不好吗？它会令人感到时间匮乏。2020年，《哈佛商业评论》做了名为《时间的幸福值》的专题。研究发现，感到时间匮乏的人幸福感更低，焦虑、抑郁和压力等负面情绪的程度都更高。感到时间匮乏的人感受到的快乐更少，身体不太健康，甚至工作效率降低，连离婚的可能性都更高。

而“格式化时间”更大的负面影响，是塑造了打工人的生活节奏。一个打工人，在他的世界里，所有的安排都是服从工作的。他谈恋爱要等下班，带孩子出去玩要等周末，年度旅行要请年假。于是，打工人没有大梦想就可以理解了，因为时间被格式化了——任何大事，都不可能以月，甚至以年为单位而完成，梦想需要更长时间。

更进一步的问题是，工业时代是通过什么工具来塑造打工人的时间的？答案竟然是：工资。首先，打工人服从了工资月结的规则，然后就自觉进入了“格式化时间”。打工人的时间都是按照工资来安排的，发工资前紧巴巴，发工资后撮一顿，不敢做任何长远打算，为了升职加薪完全以工作为中心等。所以，**打工人的痛苦之源是工资。**想要获得自由，就必须摆脱工资的束缚。让自己对财富的认知升级，创造更多的价值。

此时，让我们重新读一遍奥地利学派巨擘弗里德里希·A. 哈耶克（Friedrich A. Hayek）的那句名言：“金钱是人类发明的最伟大的自由工具，只有金钱会向穷人开放，而权力永远不会。”打工人要理解，努力改变经济状况的真实目的，不是为了更多的消费，而是获得最大程度的自由。而这一切，都要从自我的财富教育开始入手。

案例八
史上最大欧洲商业弊案
——意大利帕玛拉特伪造账目事件始末

1938年，卡里斯托·坦济出生于意大利北部城市帕尔马，是家中长子。卡里斯托家世代经商，从他的曾祖父开始就经营小型食品公司，家境殷实。所以，卡里斯托可以说是个“富三代”。大学时期，卡里斯托主修的是会计学，学习成绩非常好。不过大三那年，由于父亲身体抱恙，卡里斯托又非常孝顺，便中断学业返乡继承家族事业。1961年，卡里斯托的父亲去世，他便成为家族的话事人。故事，便从此开始。

创跨国公司光耀门楣

其实，卡里斯托家的食品公司在当地很有名气，只要脚踏实地，他何愁衣食。但是，他有非常远大的抱负，希望在他的手上能把家族事业发扬光大，变成跨国企业。于是，他成立了一间名叫帕玛拉特的公司，准备大干一场。

卡里斯托首先瞄准的是乳制品市场。他先买下了一间小型乳制品工厂，还有一间牛奶杀菌公司，提供给当地民众每日直送的玻璃瓶装鲜奶。由于牛奶品相好加上宣传到位，这项业务很快打开市场，才1年时间就为公司带来2亿里拉的营业额。这让才24岁，刚开始创业的卡里斯托初尝了事业成功的滋味，更坚定了一展宏图的信念。

有次，卡里斯托在瑞典旅行，意外发现当地有种用“利乐包”包装出售的牛奶。利乐包是利乐公司创办人卢本·罗兴（Ruben

Rausing）于1943年发明的一种无菌包装，被称为“20世纪食品界最重要的发明”之一。卡里斯托看到的是1963年改进后，亦即现在市场上仍在使用的利乐包版本。他当即预测，这一发明会给乳制品行业带来革命性的改变。于是他二话不说，回到意大利马上投资了一条利乐包的生产线。这样一来，牛奶的保存期限便得到了数倍的延长，卖遍全国。

1975年，帕玛拉特的营业额已经高达1000亿里拉。在意大利取得巨大成功的卡里斯托，决定完成家族跨国企业的梦想。在不到30年的时间里，帕玛拉特的产品（包括牛奶、果汁等一系列饮料）销往法国、德国、英国、西班牙，以及北美洲、中美洲和南美洲，在全球各地有上百家工厂、数万名员工，公司前途一片光明。

卡里斯托成功的秘诀，除了精准的眼光和对产品的开发能力外，在市场营销、开拓人脉和树立成功企业家形象方面也毫不逊色。比如，从20世纪70年代开始卡里斯托就斥巨资投放大量媒体广告，各种体育赛事上也经常可见帕玛拉特的身影。比如，他赞助F1方程式传奇车手尼基·劳达（Niki Lauda）的车队。除此之外，为了纪念意大利作曲家安东尼奥·L. 维瓦尔第（Antonio L. Vivaldi）还推出了“维瓦尔第节”的活动。他甚至还出资修复了不少意大利教堂里年久失修的壁画。一顿操作下来，在意大利民众的心中，卡里斯托真可谓是一位人见人爱的良心企业家。

卡里斯托与政界也关系良好，不仅提供政治献金，连许多政客出入的交通费他都埋单。所以，当帕玛拉特需要帮助的时候，政客们也会伸以援手。有了信用背书，卡里斯托也更容易向银行贷款，享受低廉利息。目前为止，卡里斯托可谓光耀门楣。

为保企业开始造假

表面上风光无限的帕玛拉特，其实隐藏着一个不可告人的秘密，那就是他们的账目。由于起初只不过是间地方性的小企业，快速扩张至全球企业的帕玛拉特，其实是通过大量举债的方式来实现扩张和并购的，于是造成债台高筑，许多负债对外隐瞒。

早在1990年的时候帕玛拉特就出现了财务亏损，政商关系良好的卡里斯托只好去银行贷款了1200亿里拉。不过，这笔钱并不足以填补公司上上下下的赤字。这时候，他的金融家朋友詹马力欧建议，不如收购一家空壳公司上市，以此来向民间融资，缓解公司财务压力。于是，1990年帕玛拉特顺利在意大利挂牌上市，坦济家族持股51%，股民争相购买帕玛拉特的股票。

不过，成功融资之后的卡里斯托并不打算拿钱去还债。他认为，如果用融资去投资，便能赚取更多的利润。而且他的如意算盘是，上市之后进一步扩展事业版图，肯定能吸引到更多的资金涌入。于是他铤而走险，大举投资。他买下帕尔马足球队的所有权，并顺利将球队送入甲级联赛。此举果然大获成功，球迷把对足球的狂热转移到帕玛拉特上，觉得卡里斯托没有干不成的事，疯狂购买股票。

到了1992年，卡里斯托决定继续融资4300亿里拉。巨额的融资会造成外界的猜测，认为公司运营产生问题。为了给外界一个合理解释，卡里斯托动起了歪脑筋，开始伪造公司财务报表，虚构利润，让外界以为公司只是纯粹为了扩展事业。

而谎言一旦开始，就要用更多谎言去圆谎。比如，卡里斯托有一间名叫“Bonlat”的子公司，他捏造了数据，声称该公司持有巨额现金。有了这笔担保，各家银行就更加愿意借钱给他。有了这个经验，一旦卡里斯托想要借钱，他就凭空“创造”一些资产，屡试不爽。他甚至还串通第三方审计公司，用母公司和子公司做资产交易，填补财务漏洞。

在外界看来，帕玛拉特公司光鲜亮丽，每年投资人还能够收到股票分红。可是谁也没想到，帕玛拉特公司已经在玩“庞氏骗局”，不断用新的融资来支付给旧投资人。

谎言越编越大停不下来

卡里斯托的这套做假账的模式运转了10多年时间，逐渐地，外界开始传来质疑声。为什么帕玛拉特公司的主营业务明明没有什么增长，但这些年财报却这么好看，而且能够持续分红呢？更蹊跷的是，帕玛拉特的利润率竟然是同行业的两倍之多。这时候，一些财经分析师指出，帕玛拉特可能存在一些隐藏的债务问题。

2003年3月，帕拉玛特还想继续融资。外界就质问卡里斯托，不是说子公司Bonlat存放了巨额现金吗？为什么还要向市场融资？风言风语导致帕玛拉特的股价应声下跌了30%。卡里斯托被逼只好使出绝招，他伪造了美国商业银行一名真实员工的签名，假造Bonlat高达40亿欧元的存款证明。没想到，这张伪证竟然过关了，市场信心回升。6月，帕玛拉特融资3亿欧元。9月，再融资3.5亿欧元，公司股价也创新高。

不过当年12月，帕玛拉特因为无法兑现1.5亿欧元的债务，导致外界又开始关注那笔号称40亿欧元的现金——为什么不拿这笔钱还呢？卡里斯托只好解释说，40亿欧元是紧急情况下才能使用的，之所以无法兑现债务，是因为有客户拖延还款，所以出现暂时的周转不灵。然而，随着调查部门的介入，卡里斯托的谎言很快就被戳穿了。仅第二天，帕玛拉特的债券就被信用评级机构下调至“垃圾”水平，雪崩开始了。

被有关部门接管后，卡里斯托被迫辞去所有职务，并由普华永道会计师事务所来重新审计帕玛拉特的财务状况。董事会决议通过，动用Bonlat的40亿欧元来偿还公司债务。结果打开账目一看，根本没有这笔存款，从始至终都是卡里斯托瞎编的。12月19日，帕玛拉特公开宣布40亿欧元存款子虚乌有，公司股价几乎归零。12月27日，帕玛拉特宣布破产。卡里斯托也因为涉嫌欺诈罪而遭到逮捕。

检察官调查发现，卡里斯托欺诈的目的很简单，就是希望不让公司亏损的真相公之于世，于是选择用非法手段试图挽救公司。一步错，步步错，最终走到无法挽回的地步。卡里斯托和他的儿子、哥哥，以及公司的财务长，被控以操纵市场、编制虚假稽核文件、销毁证据等等多项罪名。法官收集了涉案的1000多页文件，还传唤了超过150人聆讯。经过清算，发现卡里斯托总共隐匿了大约140亿欧元的债务。整个案件的调查，一直到2014年才完成，卡里斯托被判有期徒刑17年5个月，至今仍在服刑。

帕拉玛特弊案堪称欧洲史上最大商业造假案。卡里斯托作为一名“富三代”，起初只是想将家族事业发扬光大，但万万没想到，却走上了一条犯罪的道路。所以，真的没必要羡慕有些人天生赢在起跑线上。早出发或晚出发，跑得快或跑得慢，如果最后是以监狱作为终点的话，那么出身好坏也是殊途同归罢了。富家子弟为家族之名所累，天生背负的东西可能还更多。君子爱财取之有道，无论能否成功，都不能走上犯罪的道路。

第九章

财富责任

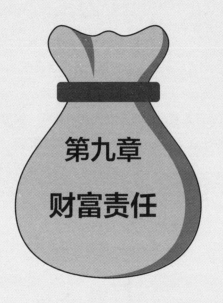

乌札麻

汗水是大地之酵母
不是贡品，丰盛的大地
从未向耕稼之苦所求供奉
汗水是大地之酵母
不是被迫来向养尊处优的神祇贡献的祭品
你，黑色的大地的双手释放
希望，脱离死亡的桎梏
挣脱土生的教条
教条比死亡更恐怖，饥渴不知餍足的
啃啮人性，教条的草芥秣料。
汗水是酵母，面包，乌札麻——
为土地所有，所治。
所想，大地是全人类。

——尼日利亚诗人　渥雷·索因卡（Wole Soyinka）

1 拥财而死是一种“耻辱”

核心观点：质疑人为什么必须做好事？能问出这种问题的人一看就不像是好人。

不少人对市场经济有个误解，即觉得市场只有逐利的一面。诚然，“自私性原则”是人追求利益的起点，但绝非是全部。在市场经济发展的过程当中，公益也会自然生长出来。倘若有人怀疑这点，可以用美国牧师科顿·马瑟（Cotton Mather）的话回应——**“如果有人问：一个人为何必须做好事？我的回答是：这问题就不像是好人提的。”**公益的发展，在资中筠先生的著作《财富的责任与资本主义演变：美国百年公益发展的启示》中有详细论述。本章的内容，主要受到先生这本书的启发。

所有文化中都有“真善美”的成分，这是公益事业的土壤。正如美国建国100多年后，逐渐成为经济强国，卡内基基金会、洛克菲勒基金会这类公益组织便应运而生。中国的协和医院、位于美国的联合国总部大楼等，都是洛克菲勒基金会捐赠建造的。另外，该基金会对农业研究的公益投入也不遗余力，其于20世纪50年代初引领的“第一次绿色革命”，令高秆水稻变为矮秆水稻，解决了19个发展中国家的粮食自给问题。

20世纪初，美国的“钢铁大王”安德鲁·卡内基（Andrew Carnegie）富可敌国，去世时，他一共捐出了350695653美元。并留下一句名言：**“一个人死的时候如果拥有巨额财富，那就是一种耻辱。”**除了巨额资产外，安德鲁·卡内基给人类留下的最重要的财富是一篇名叫《财富的福音》的文章。这篇文章奠定了美国的公益思想，据说比尔·盖茨经常阅读此文。资中筠先生总结了她阅读该文的数点启示：

一、富人对社会有不可推卸的责任，他和家人应该过“恰如其分”而不是张扬炫富的生活，余财本该属于社会，理应捐出来造福社会。

二、散财和聚财同样需要高超的经营能力，方能取得最佳社会效果，在这点上，成功的富人也有责任贡献自己的能力。

三、解决贫富悬殊之道既不能倒退到大家平均受穷的过去，也不能靠单纯的救济扶贫。不能鼓励懒汉，要帮助穷人自立，才有利于社会进步。

四、教育和健康为公益事业的重中之重。这一点应该视为一切国家繁荣富强、一切社会赖以发达的基础。它也是自由与平等的交汇处。因为自由竞争的前提是机会平等。没有健康，没有平等的受教育机会就谈不到这一点。因而事实上发达国家不论是政府拨款还是私人公益都以健康和教育为重点。

最后，《财富的福音》一文传达了一个更深层次的理念，那就是：一方面，私有财产不可侵犯；另一方面，富人的余财是社会所赐，理应以最佳方式还之于社会。这不是恩赐，也不是利他主义，不需要表扬和感谢，而是维持社会稳定繁荣，利人利己之事。美国那一代明智的巨富已经意识到，在一个贫民社会的汪洋大海里，他们几座孤零零的山头再高，迟早也会被淹没的。

2 公益行为经济学

核心观点：做公益表面上看是利他行为，但实际上也是利己的，对自己有好处的。

经济学有个“经济人”的基本假设。这个理论由英国政治经济学家亚当·斯密（Adam Smith）在《国富论》中最先提出。他说：“我们每天所需要的食物和饮料，不是出自屠户、酿酒家和面包师的恩惠，而是出于他们自利的打算。我们不说唤起他们利他心的话，而说唤起他们利己心的话，我们不说我们自己需要，而说对他们有好处。”后来，“经济人”概念由意大利经济学家维弗雷多·帕雷托（Vilfredo Pareto）正式引入经济学。

人们可能不禁会问，利己行为的理性打算比较容易理解，但是做公益这种看上去利他的行为，又该怎么用理性经济人去解释呢？其实从经济学角度看，公益依旧是人出于经济人的三个理性动机而产生的行为。首先是出于**利他动机**。捐赠他人会使“我”感到快乐，看到他人因“我”的捐赠感到快乐，于是“我”也会感到快乐，所以他人的快乐可以被吸收到“我”的快乐中。其次是出于**声誉动机**。捐赠者会为了追求个人声誉进行捐赠，所以公开捐赠信息能激发人们的捐赠动机。最后是**外在激励动机**。比如捐赠能够享受一定的免税额度，这也会成为一些人进行公益的理性考虑。总而言之，虽然表面上看公益是利他的行为，但归根到底公益还是会对“我”产生好处，否则便不产生动机。

不过，经济学的分支“行为经济学”一直试图推翻“经济人”的假设。行为经济学受到心理学和认知科学的影响，探讨非理性在人类的经济行为中的影响。2002年和2017年，诺贝尔经济学奖两度颁奖给行为经济学家，获奖者分别为丹尼尔·卡尼曼（Daniel Kahneman）和理查德·H. 塞勒（Richard H. Thaler）。虽然建立在“经济人”基础上的传统经济学大厦根基非常稳固，从亚当·斯密到约翰·凯恩斯（John Keynes）的理论非常完备，但行为经济学还是能提供一些新的视角。

从行为经济学入手研究中国的公益事业，会得出一些独特的结论。2019年，经济学者罗俊发表了一篇题为《捐赠信息公开对捐赠行为的“筛选”与“提拔”效应——来自慈善捐赠田野实验的证据》的论文。根据罗俊的研究发现，与西方社会不同，中国人喜欢“做好事不留名”，所以捐赠公开对普通公益人士没有太大激励作用，小额捐赠还要被公开反而会觉得不好意思，于是便不捐了。所以在中国从事公益事业，匿名的整体效果反而更好。当然，对出于声誉动机的大额捐赠者来说，捐赠公开仍是有激励效果的。

在公益行为上，既有放之四海而皆准的共性，也有各个国家文化的独特性。不过具备经济学常识后我们起码应该知道，**公益不是纯粹无私的奉献。**

3 打造健康的“财富大气层”

核心观点：把一部分财富送入“平流层”，建立社会财富的“臭氧层”，我们才能打造健康的“财富大气层”。

我们知道，地球的大气层按照大气温度可以分为5个层次，从低到高分别为：对流层、平流层、中间层、热层和散逸层。大气层能保护地表免受太阳辐射，尤其是紫外线的直接照射，也可以减少一天当中极端温差出现的概率，是人类不可或缺的保护伞。我们可以用大气层来比喻个人、家族甚至社会的财富结构，通过这个有趣的比较可以发现，我们应该仿照大气层对财富进行规划，这样才能保证其健康、有序地运转。

地球上绝大多数生命都生活在对流层，对流层的特点是要面对许多自然灾害的冲击，比如火山爆发。社会上绝大多数财富也一样，处于“对流”的状态，各种风险的出现都会导致财富的再分配，有人由富变穷，也有人由穷变富。一方面，“对流”保证了财富的流动性，给市场增加了活力；另一方面，“对流”也会增加财富的不确定性。

地球上的生命能够生存下来是因为平流层中有较高的臭氧浓度，形成了臭氧层。臭氧层的主要作用是吸收短波紫外线，如果没有臭氧层，强大的紫外线直接照射会导致地球上绝大多数物种灭绝。而财富世界，也是需要“臭氧层”保护的。对于个人财富和家族财富而言，充足的保障以及防守型理财规划极为重要。在积累一定程度的财富之后，必须把一部分财富送入“平流层”，如果把所有财富都暴露于“对流层”是极不明智的。

从社会福祉的角度来看，合理的财富再分配制度，则是防范系统性风险必不可少的举措。这些举措可以是多种多样的：比如在税收层面，我们可以让掌握更多社会财富的富人缴纳更多税项；而文化层面，我们可以加强舆论引导，让富人形成一种回馈社会的道德观念。如是观之，国家提出的“共同富裕”就是一种类似“臭氧层”的举措。1985年10月23日邓小平先生在会见美国高级企业家代表团时说过：“一部分地区、一部分人可以先富起来，带动和帮助其他地区、其他的人，逐步达到共同富裕。”

每个人都可以问问自己，自己的财富目前处于“大气层”的哪个层级？是否做好了合理安排？同时，我们的社会又还有哪些值得优化之处？在过去，财富责任比较少被人提及，而在今时今日，这应该成为重要的社会议题。每个拥有财富的人，都要对个人负责，对家族负责，同时也要对社会负责。没有人能够独活，自律令人自由，没有责任的财富最终一定会消失。

4 公益的新问题与旧认知

核心观点：公益无法消除贫富差距，不能对富人“逼捐”，其从业者也不是志愿者。

前文介绍过“商业是最大的公益”（参见第一章第5节），其经济学原理是什么？这便不得不说到“涓滴经济学”（Trickle-down Economics）。

“涓滴经济学”也称“下渗经济学”或“滴漏经济学”，它是源于美国的经济术语，用于描述给富人及企业减税可惠及所有人包括贫苦大众的经济政策。美国前总统罗纳德·W. 里根（Ronald W. Reagan）执政时期，采用的就是“涓滴经济学”的原理。他的政府通过对富人减税、向企业提供经济优惠政策等措施改善经济，最终会使社会中的贫困阶层人民也得到生活上的改善。中国在改革开放初期的口号“让一部分人先富起来”，与“涓滴经济学”的主张有着异曲同工之处。

当然，进入21世纪之后“信息时代”全面到来，新时代带来新问题，这是过去的老办法无法解决的。这些新问题包括：一、新时代的财富激增，体量膨胀，贫富悬殊更加严重；二、传统公益模式无法带来有效变革；三、数字化和大数据提供了更加精确了解需求、进行评估的手段；四、全球化加深各国相互依赖，富裕国家的责任与日俱增。总之，公益事业进入了崭新的时代。

民众对公益的认知正向现代化转变，但仍存在一些普遍的误区，例如：

一、把公益视为消除贫富悬殊工具。这种想法，没有把公益视为解决问题的方法，而是将其视为消除贫富悬殊的工具。实际上，公益事业不可能也不应该成为消除贫富悬殊的工具，因为贫富悬殊是个复杂问题，不可能通过简单的手段便消除。

二、不顾一切只期待捐赠多多益善。民众往往认为富人的钱多应该多捐赠，所以经常发生“逼捐”的舆论。实际上，捐款应该根据自由自愿的原则，基于个人实际考量而做出决定。

三、只关注捐赠来源不关注其去处。成熟社会的公益系统受到严格监管，必须做好审计，定期公布每分钱的去处，如何使用。不过在中国，多数民众还没有养成追踪捐赠去处的习惯，往往捐完便万事大吉。一个成熟社会的公益，民众就是监察的阳光。

四、误以为公益从业者都是志愿者。不少民众的认知还停留在公益事业从业者不应该领取报酬的阶段，殊不知一项公益事业如果要基业长青，必须专业化，从业人员也必须职业化。在成熟社会，公益组织能为社会解决大量就业，这也是公益之一。

不过，通过近年大量有识之士普及现代公益常识，民众的公益认知获得长足发展。无论如何，随着时间推进，公益事业一定会朝越来越现代化、越来越文明的方向发展。

5 新时代的公益

核心观点：在新时代的公益观念下，企业不必在谋取利润和无偿捐赠之间抉择了。

在进入21世纪的20年里，新时代公益得到长足发展，具备了一些新观念：

一、可以营利。传统观念认为公益必须无偿捐赠，但在新观念中不再片面强调牺牲，更多关注的是公益组织的“造血”能力。只要公益组织定期公开账目，以及对外展示解决了哪些问题，接受公众监督，就是可以接受的，这样做反而可以减少社会的负担。

二、投资角色。传统公益组织的运作模式有两种：一是自己做项目，或外包项目；二是接受申请者递交项目，进行审批后给予资助。但在新观念中公益组织会积极寻找社会需求，以投资模式参与，扶持项目，然后逐渐减少以至最终退出，助人“造血”。

三、提供平台。传统观念注重分工，新观念则重视合作。公益组织往往扮演发起人角色，把捐赠人、专家、研究单位、社区、媒体、政府等等资源聚在一起，形成合作平台。出现这个转变的根本原因是结果导向，凡是有利于结果的公益组织都乐于尝试。

四、全球合作。传统观念是国际化，即惠及世界各地；而新观念是全球化，即调集世界各地的资源为我所用。从“国际”到“全球”的转变，也是洛克菲勒基金会率先提出的。它不再把自己视为一间美国的基金会，而是一间属于全世界、全人类的基金会。

因为出现了以上这些新的特点，公益事业也出现了一些全新的与公益相关的名词：

一、创投公益。因为公益可以营利，也能提供就业岗位，所以越来越多青年愿意投身公益事业创业。创业需要启动资金，一些老牌公益组织便为他们提供资金扶助。他们扮演投资人的身份，审核投资进度，待新项目走上正轨后逐步撤出。

二、社会企业。社会企业的运作方式与一般企业无异，只是不以营利为最终目的，而是必须从事有益于社会的事业。比如，社会企业会雇佣残障人士。又比如，社会企业会把主要利润捐赠给其他公益事业。通常情况下，政府会给予社会企业税务减免。

三、影响力投资。2007年，洛克菲勒基金会在意大利召开了一次会议，与会者创造了这个词。三年后，洛克菲勒基金会和摩根大通联合发表了长篇报告《影响力投资：一种新兴的资本类型》。根据定义，它指的是旨在创造超越财政收益的积极影响的投资。其创新之处在于，不再于谋求利润与无偿捐赠之间抉择，而是在二者之间寻找平衡。例如，手机制造商可以主动研发价格亲民的智能手机。以往这被视为成本，而在新观念中则被视为投资，因为这能很好地提升企业的影响力。同时，让受惠者也保留了尊严。

看了这些公益的新观念和新名词之后，可以评估一下，你的公益认知处于什么水平呢？

6 对公益事业的批评

核心观点：公益事业通过服务集体主义来实现个人主义，所以具有矛盾性。

即便是初心再好的事业，也不可能是完美的，必须允许别人批评，监督其进步，公益事业亦然。在美国，公益事业百年以来就遭到诸多批评，批评者言之凿凿。

对公益事业最彻底的批评，是认为它**只是为了维持美国社会的现状**，不求从根本上改变造成贫困问题的根源——资本主义。富人累积了巨额的财富，捐赠的部分不过九牛一毛，这与富人在捐赠中获得的好名声不相称。公益的目标号称消除贫富悬殊，现实却是，百年来美国的贫富悬殊非但没有缩小，还在不断扩大。20世纪60年代，美国的新左派就批评公益是当权政府的“阴谋”，目的旨在缓和矛盾，维持现状。

目前，发达国家的扶贫主要有两种模式，一种是以欧洲为代表的政府福利政策，一种是以美国为代表的民间公益事业。美国模式为人诟病的一点还在于，公益单位享受了税收减免。批评者认为，这笔钱如果进入国库交由政府来分配的话，将发挥更大的功效。有学者计算过，美国政府因税收减免所损失的收入大约相当于私人捐赠的60%—70%。换言之，政府损失了本可以用于福利的30%—40%税款。但这一观点的反对者认为，没有人能确保税收交予政府后会用于社会福利而不是用于军费等其他开支。

还有一种批评认为，民间公益事业会**削弱政府的责任感**。而由富人主导的民间公益事业，又带着强烈的**精英主义色彩**。比如文化公益，明显倾向于芭蕾、歌剧、交响乐，非常不亲民。更典型的例子则是医疗。大量公益资金投入研发尖端的医疗技术，攻克医疗难题。但是，这些最新的医疗在推出市场后往往非常昂贵，穷人一时半会儿根本用不上。而与此同时，美国的国情是公共医疗资源不足问题却长期得不到改善。总而言之，批评者认为公益事业给富人带来的好处远远大于穷人。

美国人类学家特丽莎·J. 奥登达尔（Teresa J. Odendahl）对公益事业做了深入研究，她认为，公益事业反映了一种美国特有的文化，说明美国人看重个人对财富的支配权，完全可由个人随心所欲地处置。回馈社会的富人占据道德优越感，自认为比不捐赠的富人高尚。毋庸讳言，美国富人并不真的在乎他们在穷人心中的形象，而只在乎在富人圈层中的形象。因此，确实如安德鲁·卡内基所言，受惠的穷人根本不需要感谢捐赠的富人。

总而言之，公益组织本身是有矛盾性的：它通过服务集体主义来实现个人主义，资中筠先生将其称为“双重人格”。富人捐赠的出发点，更多是为家族考虑。不过我们很难要求一个完美的制度，民间公益事业虽然是矛盾性的存在，但总比不存在要好。

7 三宗关于税法的争议

核心观点：一项新生事物总是在跌跌撞撞、磕磕绊绊、踉踉跄跄中不断完善起来的。

时代前行，万物更迭，不断有新生事物诞生。没有任何事物是诞生之始便完美的，总是在跌跌撞撞、磕磕绊绊、踉踉跄跄中不断完善起来的。在新生事物诞生之初，总是乱象丛生，就像现在的数字货币[1]。但只要大方向是对的，就能“吹尽狂沙始到金”。中间的波折，是成长的代价。在美国公益事业诞生的百年历程中，也经历过不少争议。

一、沃尔什调查（Walsh Investigation）

洛克菲勒基金会成立之时，正值美国政府大力打击垄断，所以很不顺利。1908年，洛克菲勒提出成立基金会。结果时任总统的威廉·H. 塔夫脱（William H. Taft）怀疑洛克菲勒动机，是不是用基金会为掩护搞什么阴谋？所以不批准基金会成立。最后，洛克菲勒不得不于1915年根据纽约州法律在州内成立了基金会，但是仍然遭到联邦政府的调查和抨击。

[1] 参见案例九。

1913年托马斯·W. 威尔逊（Thomas W. Wilson）总统上任，专门成立调查委员会对基金会进行调查。以参议员弗兰克·P. 沃尔什（Frank P. Walsh）为首的调查小组对基金会进行了长达4年的调查，并出台了第一部针对基金会的法律《1917年税法》。虽然最后的结果有利于基金会，但此事件体现了基金会初期与政府的紧张关系。

二、里斯及考克斯调查（Reece and Cox Investigation）

20世纪50年代初“麦卡锡主义”在美国大行其道，对左翼思想赶尽杀绝，美国国会掀起了对“非美和颠覆性活动”的调查。国会先后成立了以众议员里斯和考克斯为首的调查小组。这次洛克菲勒基金会又遭牵连，罪名是其32年来在中国花了数千万美元资助中国高等教育，而培养出来的大批人才多数投向共产党，因此基金会等于为共产党政权出力。以此类推，基金会要向朝鲜战场上牺牲的美国年轻人负部分责任。这次指控引起全国一片哗然，知识界纷纷批评政府的做法，盛赞基金会的功绩。这项调查也经历了4年（1951—1955），最终以指控不成立告终。

三、帕特曼调查（Patman Investigation）

1961年，来自得克萨斯州的众议员赖特·帕特曼（Wright Patman）发起对免税非营利组织进行新一轮调查。帕特曼不依不饶，对公益组织进行了长达8年的狙击，进行了无数次听证会，列举大量公益组织避税的证据。最终国会通过《1969年税制改革法》，主要的几项改革是：基金会每年要交一定的税，严禁基金会内部转移资产，基金会每年必须捐赠一定比例的资产等等。这一法案，终结了美国公益组织完全不需要纳税的历史。从此，基金会不再是美国富人的“避税天堂”。

看了以上案例，可能觉得公益事业真麻烦。然而不得不说，公益事业是必要的麻烦。

8 最热门的公益事业

核心观点：哪天公益组织能吸引到高端人才为其服务，就算进入发达行列了。

人们如果有公益之心，可以为社会回馈的方向实在是太多了，断不是只有捐款这一种方式的。人们应该发挥各自的专业、专长，有选择地奉献。做志愿者当然是最基本的方式，但还可以做更多。公益事业的门类多种多样，在此列举其中最热门的几项：

一、教育。把教育放在第一位，几乎是全世界的共识，因为教育是最直接帮助穷人实现阶层跃迁的方法，同时也被认为是改良社会最佳的手段之一。同时，教育也可视作“公益之王”，因为其他领域如科学技术、医疗改革、种族融合、文化艺术等方面的公益事业，也都包含教育的成分。所以，各国慈善家会不约而同选择投身教育事业。

二、医疗。除了教育之外，人们最关心的就是医疗。有不少公益组织都为攻克疑难杂症做出过卓越贡献，比如拉斯克基金会之于癌症，密尔邦克基金会之于公共卫生，盖茨基金会之于艾滋病和疟疾等等。不少第三世界国家的厕所，都是通过公益组织建立起来的。尤其在新冠疫情之后，相信更多人意识到公益组织对医疗健康事业的意义。

三、农业。20世纪50年代的“绿色革命”被认为是民间公益组织取得的最大成就之一。在这项事业的帮助下，墨西哥从吃不饱饭的国家华丽转身为粮食出口国，印度在6年中粮食产量翻了一番。另外，关注农业的公益组织也关注灌溉、肥料、杀虫剂等问题。

四、弱势群体。公益组织以“向贫困的根源开战”为天职，弱势群体便自然成为他们要帮扶的对象。在这方面公益组织能做的很多，例如提供贫民教育，贫民医疗，关注青少年犯罪、家庭暴力、住房条件，或者发挥影响力改变福利政策等等。

五、文化艺术。由于人们深信文化艺术陶冶情操的作用，能够有效地提高人们的道德修养。所以，不少公益组织愿意资助让普罗大众欣赏到高尚艺术。也有一些公益组织，会出资帮助具有艺术天分的穷人推广他们的作品，改变他们的命运。

六、可持续发展。环境污染、全球暖化等问题已经成为全人类的共同命运，多数国家也都意识到并加入“碳中和”运动中来，所以未来可持续发展势必会成为公益组织关注的重点之一。除了环境之外，可持续发展也包括人口、物种保护等方面。

目前在中国，许多高端人才的脑海中还没有去公益组织谋职的概念，这主要是因为公益组织发展还不够成熟造成的。公益组织的运营模式和能力范围，都尚不足以吸引高端人才。什么时候中国的公益组织可以算是发达了呢？无论是官方公益组织还是民间公益组织，未来哪天发展到能够吸引高端人才求职的阶段，就说明已经步入发达行列了。

9 再谈《财富的福音》

核心观点：安德鲁·卡内基有独特的公益哲学，影响了后世无数慈善家，引无数后人竞折腰。

追本溯源，讨论现代社会的公益思想，都绕不开安德鲁·卡内基《财富的福音》。作为当时全世界最富有的人之一，他是“裸捐”的先驱。现在的美国富豪，无论巴菲特还是比尔·盖茨等人，无不受到他的影响。因此，这篇1889年发表的文章值得我们温故知新。

安德鲁·卡内基指出，人类的生活在工业革命后发生了巨大的变化，贫富差距扩大。科技进步可喜，但贫富差距过大。虽然改革令牛奶、面包走进了千家万户，但劳资摩擦、社会失和等问题，已经激烈到不能忽视的地步。大企业似乎不是赚取高利润就是破产，能不能找到中间道路呢？这就需要高瞻远瞩的人开动脑筋为全人类做出贡献了。

安德鲁·卡内基认为，富人对社会有不可推卸的责任。富人必须主张一种简朴、不张扬的生活方式，避免炫耀奢华。**公众很难对富人有客观公正的评价，因为富人也并没有完全公开自己的生活，公众的评价很多都是想象出来的，偏见在所难免。**所以，富人更有责任付出更多，这样才能消弭公众对富人的偏见。安德鲁·卡内基说，富人处理财产的方式有三种：一、传给家族；二、死后捐给社会；三、财产拥有者生前妥善处理。很显然，安德鲁·卡内基的主张是第三种，而他也是这么做的。他认为，最值得做的有以下几件事：

一、建大学。在这方面，科尼利厄斯·范德比尔特（Cornelius Vanderbilt）、约翰·霍普金斯（Johns Hopkins）、阿马萨·L.斯坦福（Amasa L. Stanford）、埃兹拉·康奈尔（Ezra Cornell）等人，都为后人树立了榜样。

二、建图书馆。书籍是人类进步的阶梯，建立免费图书馆（尤其是社区图书馆）并鼓励阅读，是帮助贫民子弟实现阶层跃迁的绝佳方法。

三、建医院、医学院。减轻人们的痛苦，是最明智的花钱方法之一。

四、建公园。为人们提供公共休闲娱乐空间，让人们闲暇时有地可去。

五、建运动设施。提高全民的健康，让国民拥有强健的体魄。

六、捐赠教会。这是在西方常见的，捐赠者认为教堂可以净化心灵。

安德鲁·卡内基指出，如果富人可以在生前安排好这些事情，那么他死的时候就不是空守着百万无价值的财富，虽然在金钱上变穷了，却可以受到他人的尊敬和爱戴，这也是富人留予子孙的重要财富之一。不过，安德鲁·卡内基坚定地认为所有一切都必须由财富拥有者自行决定。因为他深信，有能力赚取巨额财富的人，最知道如何花钱是最有价值的。

案例九
从未正式推出，已经圈钱数十亿欧元
——加密货币“维卡币”疑案

基于区块链技术的加密货币，或许是人类未来货币的趋势，这一点已经为越来越多人所接受。不过在所有新生事物出现的初期，都伴随着乱象丛生，这似乎又是逃不脱的规律，在加密货币领域自然也不例外。2014年，就有一种加密货币在全球疯狂吸金数十亿美元。而事情最蹊跷之处在于，时至今日这种加密货币从未真正推出过。而其发起人从2017年开始就神秘失踪，至今杳无音信。这，就是堪称加密货币史上最大疑案的“维卡币事件”。

牛津法学博士高光创业

最广为人知的加密货币，自然要属比特币（Bitcoin），它主打的是去中心化的概念，也就是不再由主权背书来发行货币，也没有银行这样的中间环节来协助交易。另外，比特币还具有交易不可撤销、身份匿名、交易速度快、不受国界限制等优点。不过与此同时，比特币作为一种投资品，虽然有高回报，但也有高风险的缺点。不怕有优点，就怕有缺点。有缺点，就会有人打着改进缺陷的名义，研发号称更加优化的对标品。于是，2014年就有一款号称“比特币杀手”的加密货币横空出世了。这款“比特币杀手”就是维卡币，创始人放话说两年内维卡币就能取代比特币，称霸全球。

维卡币的总部位于欧洲东南部国家保加利亚的首都索非亚，创始人是出生于保加利亚的“80后”茹雅·伊戈纳托娃（Ruja

Ignatova）。

茹雅1980年出生，10岁的时候随家人迁居德国，拥有英国牛津大学法学博士学位，还曾是全球知名咨询公司麦肯锡的合伙人。不过根据资料显示，2012年的时候茹雅曾经因为欺诈罪被判监禁14个月。然而，她高学历、高资历的光环，掩盖了她的这点小瑕疵。2014年，茹雅联合网络营销专家塞巴斯丁·格林伍德（Sebastian Greenwood）和奈吉尔·艾伦（Nigel Allan）共同研发了维卡币。

在茹雅的蓝图中，维卡币有着无比光明的前景。首先，他们推出投资培训课程。茹雅认为，培训投资人是最重要的事情。她在研讨会上经常举的例子是，想让一个小孩开车，就要教会他怎么开车。所以，他们推出的培训课程就是要教会投资人如何掌握维卡币的操作方法以快速致富。其次，维卡币当时还没有正式推出，预计两年之后才会正式问世。而维卡币一旦推出就会独步武林。所以，抢先学习培训课程的人就可以拔得头筹。另外，维卡币会在全球各个国家设点，将成为一家跨国机构，提供快速且安稳的交易机制。最后，维卡币没有任何限制，可以在任何货币之间随意兑换，因此它会成为世界上最好用的金融工具。维卡币的最终愿景是帮助所有投资人，运用维卡币去开拓自己的事业。茹雅在全世界各地举办研讨会，极具煽动性地号召全世界怀揣梦想的人加入这项计划，一起改变世界——令人心潮澎湃。

培训材料卖出数十亿欧元

那么说到底，维卡币和比特币究竟有什么区别呢？比特币最为人诟病之处，在于其匿名性常被用作洗钱的工具。茹雅追着这点打。

她指出，这就是许多国家不承认比特币合法地位的原因。维卡币弥补了这一缺陷，不会采用匿名制，而是采用实名制，所有交易都是有记录、可溯源的。这样，维卡币就能说服全球各国政府接受其成为合法主流的加密货币。茹雅还保证说，维卡币的区块链技术比比特币更先进。

随着维卡币的名气越来越大，她频繁出现在诸如《福布斯》杂志这样的大牌媒体的封面上，有的媒体甚至给她冠上了“加密女王”的称号。

还记得前文提及的投资培训课程吗？这个系列课程叫“OneAcademy”，价值不菲。最便宜的课程要110欧元，而最昂贵的则要55555欧元。为了吸引学员，当购买了课程之后，就会附送代币，然后拿着这些代币，两年后就可以兑换相应的维卡币了。根据茹雅介绍，培训课程极具启发性，学完之后就能受到启发，构思出属于自己的致富方法。这个听上去巨划算的课程，吸引了无数消费者购买。而这，也成了维卡币初期最赚钱的板块。可能没有人能想到，维卡币最赚钱的地区，竟然是中国内地。根据数据显示，仅2016年上半年维卡币在中国内地的业绩就达到4亿欧元。而当年从全世界吸收到的资金，则高达25.9亿欧元。

在所有投资人当中，有一位名叫珍·麦克亚当（Jen McAdam）的女士，她的故事可以帮我们勾勒出维卡币投资人的画像。一天，珍收到一封来自朋友的电邮，邀请她参加维卡币的网上研讨会。珍觉得就是网上听课程，并无疑心。谁知听完后，被茹雅洗脑成功，当即开了网上会员，并投资1000欧元购买培训课程。学习完后，不仅继续投入10000欧元购买高阶课程，还鼓动家人和朋友一起加入，总共投资了25万欧元。

正当珍做着发财的白日梦时，一位陌生人在网上找到了珍。这个人名叫提摩西·库里（Timothy Curry），自称是个比特币爱好者。他提醒珍，维卡币其实是一场骗局。珍当然不信，要求提摩西提供证据。提摩西陆陆续续传了一些加密货币的运作方式和流程资料给珍。没想到珍还真是非常好学，全都看完，然后致电维卡币的技术部，询问维卡币的技术问题。技术部答复说，作为投资者没必要了解那么多。但是在珍的不断追问下，技术部终于说道：他们不想透露太多消息，以防区块链出现问题，单纯作为应用程序来说，它是不需要服务器的，这就是他们的区块链技术，带有资料库的“SQL Sever”。技术部本想用专业术语混淆珍的视听，没想到珍听懂了，而且她还知道“SQL Sever”根本不是加密货币的基础技术，这就让珍对维卡币起了疑心。

创始人无预警神秘失踪

虽然有少部分投资人像珍一样对维卡币提出质疑，但并不足以影响大局。多数人还是相信，只要再等几年，就能像茹雅所说的那样发大财。而茹雅的身影出现在全球各地的会场，不断吸收来自全世界的资金，好不风光。她在保加利亚的黑海畔建了豪宅、买了游艇，让投资人幻想，不久的将来自己也能像茹雅一样有钱。

不过，最诡异的事情发生了。2017年10月，本来原定在葡萄牙里斯本有一场茹雅主讲的研讨会。但是就在那天，茹雅神奇失踪了。无缘无故人间蒸发，直到今天仍未现身。有人说她可能卷款潜逃了，也有人说她可能是被暗杀了，总之众说纷纭。不过，维卡币并没有因为茹雅的失踪停摆，而是转由茹雅的弟弟康士坦丁·伊格纳托夫

（Konstantin Ignatov）接管，让公司又继续运转了两年多。

其实早在2015年，保加利亚金融监督委员会就已经发出维卡币的风险提示。2016年，英国《镜报》也发表过抨击维卡币的文章。随即，芬兰、瑞典、挪威、意大利、印度、泰国、中国、美国等，越来越多国家都发出了类似的风险提示。不过，投入了大量资金的投资人仍然偏执地不相信。他们认为，各国政府只是因为害怕被维卡币动摇了主权货币的地位，所以才发出这些风险提示。更有甚者，时至今日，仍然有茹雅的拥趸认为，茹雅是为了维护维卡币广大投资人的利益，所以选择藏匿起来处理相关事宜，等有朝一日，她就会“踩着五彩祥云”回归，完成她先前的所有许诺。

2019年，美国纽约法院的检察官和国税刑事调查局以及联邦调查局在机场正式逮捕了康士坦丁。他被控诉利用维卡币进行电汇欺诈、证券欺诈、洗钱等多项罪名，茹雅也因为同样罪名遭到了通缉。而参与维卡币草创的塞巴斯丁则已于2018年被捕。FBI纽约分局副局长小威廉 F. 斯威尼（William F. Sweeney Jr.）表示，维卡币没有真正的价值，因为维卡币没有提供给投资人追踪资金的方法，也不能用来购买任何商品，唯一受惠的只有茹雅及其共犯。有投资人声称，维卡币的币值从0.5欧元上涨到29.5欧元。但实际上，这只是维卡币内部的说法，因为维卡币从来没有真实投入市场交易过。根据调查结果显示，维卡币没有任何可以被验证的区块链。

作为拥有财富素养的读者应该明白，货币是商品，也是一套信用价值体系，其价值是建立在认同的基础上的。因此，投资一种全新的货币是风险非常高的事。

第十章

财富领导

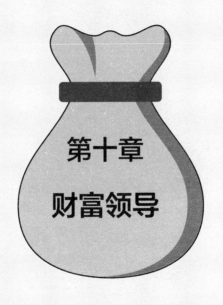

会　面

你我说话了，

彼此望了望，又背转了身去。

眼泪不住的在我眼里升起

但我哭不出声，

我要把住你的手

但我的手在发着抖，

你尽算着日子

算要过多少日子我们再能得见，

但你我在心里都觉得

我们这回分别了再也不得会面。

那是小钟的摆声充满了这静默的屋子。

我在黑暗里低声说，

如果它停了，我就死。

——新西兰诗人　凯瑟琳·曼斯菲尔德（Katherine Mansfield）

1 领导者是团队的天花板

核心观点：领导团队的前提是领导者的自我管理，在自己的“能力圈”内做好擅长的事。

关于领导力最言简意赅的解释是：拥有让人跟随的能力。领导力的形成是人类未解之谜，关于它的研究形形色色。它似乎是某种天生的能力，但毫无疑问，也可以通过后天的学习养成。一个方法可以有效辨识出人群中的领导者。把一群互相不认识的人带到同一个空间，冷落他们1小时，不告诉他们此行的目的，有什么任务，只观察他们的反应。很快，人们就会做出不同表现。有的人会破冰，有的人会愤怒，有的人会离开，而有的人则会领导大家去想办法——他就是天生的领导者。

根据目前的研究，领导力可能是七大因素共同影响下的结果：

一、家庭。父母是领导者（比如企业高管）的人，成为领导者的概率更高。

二、学校。在学校里担任过领导工作（比如班长）的人，成为领导者的概率更高。

三、交友。天生的领导者往往身边不缺一群接受其“领导”的朋友，从小练习。

四、挫折。直面挫折和失败，在极端环境下成长为具备钢铁般意志的领导者。

五、机遇。要成为好的领导者，必须有良师的指点，或者得到贵人的扶持。

六、学习。不断学习，永远不对自己满足，在学习中提升领导力。

七、调适。领导者通常有较好的适应性，与时俱进，而不是铁板一块。

不过，许多人在成为领导者之前往往忽略了一点。那就是：**领导他人，是从领导自己开始的。**美国组织发展理论研究学者沃伦·G. 本尼斯（Warren G. Bennis）：说："成为一名领导者之前，要先成为自己，做自己人生的创造者。"所以，一个领导者最终能带出一支怎样的团队，取决于自身的能力边界，**领导者是团队的天花板。**

领导自己，就要做好自我管理。但说实话，自我管理并不容易，它需要非常了解自己的**能力圈**。一个清楚自己能力圈边界的领导者，才是优秀的领导者。诚如芒格所言："如果你确实有能力，你就会非常清楚能力圈的边界在哪里；如果你问起'自己是否超出了能力圈'，那就意味着你已经在圈子之外了。我认为了解自己的能力并非难事：如果你身高158厘米，那就别提打职业篮球联赛的事了；如果你已经92岁高龄，就不要再期待担任好莱坞浪漫爱情片的主角了；如果你的体重是159公斤，你就不可能在波修瓦芭蕾舞团担任首席舞者……能力是一个相对的概念。"

芒格之所以说"了解自己的能力并非难事"，是因为他足够谦卑，从不否认现实，坦然接受，永远只做自己擅长的事，并且将其做到极致。但是对大多数人来说，能做到这点已经很难了。认识自己，接受自己，才能成为能力圈内最优秀的领导者。

2 有安全感的领导力

核心观点：小型团队用情感维系，中型团队用制度维系，大型团队用安全感维系。

如果要创造财富，就要让更多人参与到协作中来，因此领导力至关重要。以前，对于工厂流水线上的工人来说，恐惧感能有效地激励他们勤奋工作。在面对不断重复的机械工作时，“更高、更快、更强”是决胜关键。因此，多数老板都不得不扮演拿着皮鞭的“恶棍”角色，有时候这根本不是他们自己的本来面目。然而来到21世纪，随着信息技术的发展，创造财富更着重于发挥主观能动性，恐惧感的激励不再奏效，甚至起到反效果。那么，新时代领导力的核心是什么呢？被誉为“全球50大思想家”之一的美国领导力学者艾米·C. 艾德蒙森（Amy C. Edmondson）指出：是安全感。

脑科学的研究已经充分证明，恐惧会抑制学习与合作的能力。早在20世纪初，俄国生理学家伊万·巴甫洛夫（Ivan Pavlov）就有一个意外发现。他在实验室的铁笼里饲养了数十条狗，结果发现，在1924年列宁格勒发生洪水时，这些平日饱受惊吓的狗即便已经快被完全淹没，却只敢把狗鼻子露出水面求生。

神经学家发现，恐惧会让杏仁体活跃，而杏仁体是大脑中负责侦测威胁的区域。如果你在见到喜欢的人时心跳加速或手心冒汗，这就是杏仁体活跃的表现。正因为恐惧会刺激杏仁体并令身体产生变化，所以它会消耗生理资源，将本属于分析思考、创造性洞见、解决问题的能力资源，拿去对抗恐惧带来的一系列不良反应。这就是为什么人们在恐惧的时候，通常很难有较好的表现。所以，艾德蒙森认为，一个人的心理安全感，会强烈影响他参与学习的意愿，同时也影响工作满意度。

艾德蒙森指出，安全感并不是简单在团队中营造“以和为贵”的气氛，让所有人赞同所有人。恰恰相反，**领导者必须坦诚相待，就事论事，提供有建设性的分歧，自由发表想法，交流不同意见。**对于领导者来说，安全感意味着敢于放权。一群唯唯诺诺的员工，在竞争如此激烈的现代社会是没有创造力的，他们无力创造财富，更不是财富本身。

今时今日，领导者面对的是比过去任何时候都大的挑战。信息技术令团队扁平化，过去人们只听说其好处，真正体验过后才知道带来的负面影响应接不暇。于是领导者陷入史无前例的恐惧，不管是用温情脉脉的情感维系，还是用霹雳手段的制度维系，都显得那么无力。小型团队用情感维系，中型团队用制度维系，大型团队用安全感维系。打造员工可以对挑战、担忧和机会毫无顾忌地公开交流的工作环境。而这一切的前提是，领导者必须要先给予自己安全感，才能给予团队成员安全感。

3 工具理性与价值理性

核心观点：从对金钱的追求到对财富的追求，也是从“工具理性”到“价值理性”的觉醒。

“工具理性”（Instrumental Rationality）也称“技术理性”或“效率理性”，是德国社会学大师马克斯·韦伯（Max Weber）对工业革命后人类价值观的高度总结。它指的是通过实践的途径确认工具或者手段的有用性，为了达到事物的最大功效，以及实现人的某种功利目的而服务。

工具理性有三个特点：

一、把世界及其构成要素仅仅视为达到自己目的的工具或手段，不产生价值和意义；

二、作为一种实用主义，它的价值尺度是效率，关心的是实用，忽略和忽视人的本性和人性；

三、它分离事实与价值，使得人们一心只盯着目标，为实现确定的目标而努力，甚至可以为达目的不择手段，而忘却了对目标合理性的质问，排除了思维的否定性和批判性，否定了人心的力量和价值，让我们消极地顺应现实，满足现实，不去力图变革现实。

工具理性在工业时代发挥过积极作用，因其只问“怎么做”不问“为什么”的特性，有效地刺激了生产力。但它带来的弊端也是显而易见的——人的物化。在工具理性者眼中，人是工具。颇为典型的是流水线的发明者亨利·福特提出的经典问题："我雇佣的只是一双手，为什么来了一个人呢？"在福特看来，"一个人"和"一双手"是等价的。

针对工具理性，马克思·韦伯补充提出了其对立面的"价值理性"（Value Rationality）。价值理性是行为人注重行为本身所能代表的价值，即是否实现社会的公平、正义、忠诚、荣誉等等，而不是看重所选择行为的结果。它所关注的是从某些具有实质的、特定的价值理念的角度来看行为的合理性。简言之，就是不会为了纯粹的目的而行事。

或许是出于对工具理性的反叛，又或许是信息技术赋予了人们更多自由，现代人似乎越来越看重追求价值理性。尤其是年轻一代，拒绝接受把自己物化成工具，经常在"金钱"与"理想"之间进行选择，本质其实是在"工具理性"与"价值理性"之间的权衡。这一变化给领导者带来新的挑战。领导者必须深刻明白，员工不再是"一双手"，而是"一个人"。只有把员工视为一个完整的"人"，帮助员工创造价值，才能处理好与他们的协作关系。

越来越多人已经意识到，有钱不完全等同于幸福，财富的定义也不仅限于金钱。**从对金钱的追求到对财富的追求，毋宁说也是从工具理性到价值理性的觉醒。**"钱不是万能的，没有钱是万万不能的"这种老生常谈越来越难成为人们奋斗的动力，因为在物质丰沛的现代社会，饿死太难了。财富的意义数倍于金钱，才是真正值得为之奋斗的。

4 扁平化组织与意义的消解

核心观点：不要着急做改革，让所有问题充分暴露并加以完善后，再拿来为我所用。

近年来，扁平化管理（Flat Management）颇受追捧，它是指通过减少管理层级、压缩职能部门和机构、裁减人员，使企业的决策层和操作层之间的中间管理层级尽可能减少，以便使企业快速地将决策权延至企业生产、营销、销售的最前线，从而为提高企业效率而建立起来的富有弹性的新型管理模式。它摒弃了传统的金字塔状企业管理模式，所以也让很多难以解决的问题和矛盾消失了。然而扁平化管理看上去很有道理，实际上问题重重。

2021年，《经济学人》杂志刊登了一篇名为《组织扁平化效率更好？少了中层管理，恐怕要付出更高代价》的文章。文章指出，传统公司中层级森严，从基层到高层往往有六七层的距离，员工一辈子不跳槽，慢慢往上爬。但是，年轻一代并不接受这种模式，他们讨厌中层主管盛气凌人的样子。扁平化管理的支持者认为，这种制度可以减少管理成本，是更加适合年轻一代的管理模式，并且可以提高效率。

但是，强行抽掉中层管理的企业很快发现，少了正式授权的中层后，很快就会出现未经授权的“新中层”。因为所有人表面上的层级都相同，于是最强势的人便赢得主导权，成为未经授权的“管理者”。这样带来的后果不堪设想，因为这些赢得主导权的人缺少经验，反而会把团队带入歧途，无法完成既定目标。而在决策错误需要有人承担责任的时候，却找不到人来负责了。此时人们才明白，**管理不仅意味着权力，更是责任。**

站在员工的角度，扁平化管理也未必对他们是件好事。英国伦敦商学院组织行为学教授罗布·戈菲（Rob Goffee）在其著作《你凭什么领导别人》中，提出了一个颇具哲学意味的思考。他认为，扁平化管理或许会带来“意义的消解”。试想一下，传统企业虽然层级森严，但是在里面工作的人非常明确自己工作的目的，每一层升职的标准也是清晰的。但是扁平化带来的改变是取消了层级，员工直接面对老板，然而又不可能取代老板。如此一来，工作的意义是什么呢？仅仅为了赚取工资吗？那么，为甲老板工作和为乙老板工作，区别何在呢？恐怕只剩下工资多少了。旧有的层级被打破了，新的秩序又尚未建立，员工工作的意义逐渐被消解，在职场中陷入迷茫。这可能就是年轻一代不珍惜工作机会，频繁换工作的原因。

还是那句话，我们要警惕新概念（参见第一章第8节）。一切新生事物，都需要与旧有经验磨合才能具备普适性。所以，**永远不要急着去做改革**，等一等，看一看，让所有问题充分暴露并加以完善之后，再拿来为我所用，这是保守主义者的智慧。

5 摒弃工作与生活平衡

核心观点：工作不是生活的对立面，工作本身就是生活的一部分，所以不需要“平衡”。

“工作与生活平衡”是现代人普遍追求的目标，这主要是因为传统观念中，工作与生活是对立的。但是，工作与生活平衡过去几年被说太多次了。人们（尤其对于领导者而言）应该尽早摒弃这种妄念，因为它根本就是个自我蒙蔽的梦幻泡影。

如果我们仔细观察成功的领导者、持续发表新作的创作者、顶尖的销售人员，会发现他们身上有个共同的特质，那就是：被某种内在的力量驱使，不达目标誓不罢休，害怕自己被别人认为一无是处。这种内在的“焦虑感”促使他们投入所有精力，证明自己。因此，在这种人的世界里是没有“几小时工作制”之说的，活着就是工作。

为了实现“工作与生活平衡”，近年不少人选择“自由职业”。很快他们就会发现，这简直是画地为牢，落入了圈套。因为自由职业只是不用朝九晚五上班而已，不代表不用工作。恰恰相反，往往自由职业的工作时间会大大延长。这其实是合理的，为了获得“自由”，难道你每天只愿意付出8小时或12小时吗？这样的“自由”会不会过于廉价？真正的自由，一定是24小时的“自由”；同时，也意味着是24小时的“不自由”。

2018年，加州大学伯克利分校哈斯商学院的研究团队提出了“工作与生活融合”（Work-Life Integration），倡导将多重角色和谐地串联起来，打散工作与生活的待办清单，并整合在一起。这个概念获得许多企业家、劳动者的认同，成为职场上全新的理想工作哲学。在美国，现在已经不太有人再提“工作与生活平衡”了。

从“工作与生活对立”到“工作与生活平衡”再到“工作与生活融合”，这一系列的转变说明两点：第一，工作与生活是我们无法逃避的两件人生大事；第二，提高幸福感的关键不在于逃避其中任何一面，而是调整完成它们的时间，让它们成为有机的整体。

美国心理学家贝瑞·史瓦兹（Barry Schwartz）在其著作《我们为何工作》中提出：“工作的本质应该是与提升自主权、变化性、技能发展与成长空间，以及与他人福祉关联的。”过去，人们认为应该认真工作数十年，然后全身心地享受退休生活。后来，人们觉得工作日要认真工作，双休日全身心地享受家庭生活。现在，人们发现工作本身就是生活的一部分。不得不说这是巨大的哲学层面的进步，是人性与现代性的和解。

建立这样的认知不难，难的是在日常真正做到不把“工作”和“生活”对立起来。不需要专门安排出时间来“工作”或“生活”，而是随时“工作”随时“生活”。如果能够做到的话，相信无论是“工作”还是“生活”，都会轻松很多。

6 脆弱的力量

核心观点：麻木是种情绪机制，一旦对某些事开始麻木，就会逐渐丧失同理心。

传统的领导力一般强调领导者要成为强者，拥有钢铁般的意志，排除万难的决心，超凡卓越的智慧，鹤立鸡群的外表……总而言之，最好一个人就是一支“复仇者联盟”。这些要求当然没有错，正如本章开头所说，领导者首先要领导自己。但是，这样也很容易变成一个呆板、刻薄、没人性的人，近年许多影视作品中的老板角色，都成了被揶揄的对象（比如《穿普拉达的女王》中斯特里普饰演的米兰达）。所以，在披荆斩棘向前冲的时候也要注意，小心别让自己成为一个麻木的人。

美国休士顿大学社会工作研究员布琳·布朗（Brené Brown）教授有本畅销著作《脆弱的力量》。书中指出，现代人从小就被灌输要追求完美主义，力求卓越。但是，与多数人想的恰恰相反，完美主义者不是力求完美，而是选择逃避，完美主义本质上是一种防御行为，其背后的潜台词是避免被人指责、批评和承受羞耻感带来的痛苦。布朗认为：“完美主义不是成功的关键。事实上，研究表明，完美主义不利于我们取得成就。完美主义与抑郁、焦虑、成瘾、生活瘫痪或错失机会相关联。它让我们害怕失败，害怕犯错，害怕达不到人们的期望，害怕被批评，使我们置身于良性竞争与奋斗的竞技场之外。最后，追求完美主义并不能消除羞耻感。完美主义是羞耻感强的一种表现形式。我们与完美主义做斗争就是在与羞耻感做斗争。”

除了是一名畅销书作者，布朗还是TED最受欢迎的演讲者之一。她在同名演讲《脆弱的力量》中指出，现代人都面对一些共同的压力：越来越多的负债、肥胖、药物依赖等等。我们解决问题的方法简单粗暴，例如面对肥胖，就去做抽脂手术，这反映了人们对于身体伤害的麻木。而麻木是一种情绪机制。人不会只对个别事情麻木，一旦开始对身体麻木，就会继而对成功或失败、幸福或悲伤、荣誉或羞耻、勇气或恐惧等所有的情绪都麻木。久而久之，人就会变得无感。而我们中国人更是知道一个道理，那就是：麻木不仁。麻木的人，注定是没有仁慈心、同理心的。

基于这个原因，布朗认为脆弱是一种力量。**如果一个人能够勇敢地展现脆弱，那么证明他还是一个情绪正常的人。**反之，掩饰自己的脆弱只会将自己变得越来越麻木。当然，情绪与行动是互为表里的。为了避免我们成为麻木的人，就要正视自己的脆弱，勇敢地去表达脆弱，这并不羞耻。对于领导者来说，学习如何向人敞开心扉，坦诚表达自己的真实情绪，并且在管理中善加运用自己的情绪，则更是一项艺术。

7 永远讲真话

核心观点：绝对坦率，对事不对人，给予有效建议，假话全不说，真话不全说。

不知道你有没有发现，许多成功的领导者都沉默寡言。在美国，曾经有人发明了一种“走来走去管理法”，即领导者没事就在办公室里到处溜达，这样便能轻易创造和员工的聊天的机会。这个主意或许不错，但对有些不善言辞的领导者来说实在是噩梦，他们无法快速和人打成一片，对下属的关心变成“尬聊”，让领导者和员工都很痛苦。其实，领导者的话不需要很多，只需要在应该说话的时候说话，而且永远只讲真话。

美国苹果大学（苹果公司培训机构）导师金·斯科特（Kim Scott）有本著作叫《绝对坦率：一种新的管理哲学》。斯科特认为，在团队里如果看到员工有做得不对的地方，就要直接指出，而不应该为了表面的和气掩盖事实。很多领导者不愿意有话直说的主要原因是害怕影响团队士气，但大量研究表明，在基于信任的团队里，有话直说不仅不会影响士气，反而有助于彼此的信赖关系。

当然，有话直说的前提是领导者必须用真情实感投注个体关怀，而不是吹毛求疵地打击员工。所以，领导者要花很多心思去了解员工的愿景，确保自己的建议是对员工的愿景有所帮助的。另外，即便是抨击也要对事不对人。有些领导者在不满时会说：“你太烂了。”但据说乔布斯则会说："你的工作太烂了。"还有些领导者喜欢用踩低别人来抬高自己，这就不属于绝对坦率，因为**绝对坦率首先要做到领导者对自己坦率，**了解到自己也是有缺陷的，是需要别人的指正来完善自我的。如果能做到这点，团队中的每个人才不会心怀芥蒂，真心感激。

绝对坦率的管理者更像是教练。教练通常话不多，因为他的工作不是演讲，而是帮助队员提高成绩。所以，他们会给予队员切实有效的指点。例如他们说建议队员在跑步的时候手抬高一点，肩膀放松一点，步子迈得大一点，仅此而已。如果说一些对队员没有帮助的说教，队员反而会觉得教练很烦，不称职。教练的另一个职责，是在比赛时制定战略、战术。这就更加容不得粉饰太平了，因为无论队员之间的关系多么和谐，也无法掩盖输掉比赛的结果。**团队之所以成团，就是以赢得比赛为目的的。**

中国人更明白绝对坦率的真谛。因为孔子在两千多年前就说过：君子坦荡荡，小人长戚戚。如果领导者明显能感受到，某句话说出去会伤害到员工，又或者员工目前的境界不足以理解领导者的话，那么可以选择暂时不说。总之，不能说假话。比如明明小张的表现不佳，却违心地称赞他，以为这样是鼓励，其实是害了他。作为领导者，应该秉持季羡林先生的精神："假话全不说，真话不全说。"

8 如何做决策?

核心观点：决策是个进程，是领导者的核心工作之一，也是一系列心理运动的结果。

领导者的三大工作分别是：**带团队、定方向、做决策。**做决策，是领导者工作的核心之一。那么要如何做决策呢？美国维思大学心理学教授斯科特·普劳斯（Scott Plous）的名著《决策与判断》为读者揭示，当我们做判断的时候依靠的基本要素包括：知觉、记忆和情境。这三个要素都显得十分主观，没错，绝对客观的决策是不存在的。

人们常说：不同人对同一件事持有不同的认知。实际上，这种说法是不准确的。因为对“同一件事”，人们从来都“不是先看见再定义，而是先定义再看见”。所以，在每个人心中根本不存在“同一件事”。有学者指出：“我们的知觉结构在很大程度上是由我们的预期所决定的，这些预期建立在过去和情境的基础上。”所以，有些领导者想要在做出决策时赢得所有人的认同，这是办不到的，**领导者必须有面对异议的勇气。**

理论上，决策是一个进程。决策在执行的过程中要调整，做出进一步的决策。所以，在做出决策后，领导者的复杂心理活动并未结束，还会出现一种被称为“认知不协调”的状态。它指的是当人们对同一件事产生两种或以上认知的时候产生的心理。领导者做出决策，然后付诸实践。领导者为一件事付出得越多，对它的执念就越重。所以，有时候即便知道决策错了，领导者也很难承认自己的错误。但是，好的领导者不会容忍错误持续下去，会适时止损，这就是在纠正“认知不协调”。

记忆则是一个很有趣的现象。一般认为，记忆是我们对过去经历的拷贝。其实不然。记忆只有在我们提取它的时候才会出现，而且会以一种我们需要的方式重组。所以从某种意义上说，**记忆都是人们编织出来的。**因此，自以为是的领导者经常陷入“事后诸葛亮”式的自以为是。当有好事发生的时候，就“脑补”是自己英明决策让好事发生。这点也是要小心提防，因为它会让领导者陷入夜郎自大。

最后说情境。普劳斯指出：“决策者并不是孤立地去感知和记忆某个事件，而是根据他们过去的经验和事件发生时的情境去理解和解释新信息。”人是经验的产物，符合经验能给人带来安全感。如果出现一系列似曾相识的情境，领导者比较容易做决策。而如果出现情境从未见过，领导者就会陷入慌乱难以做决策。但是，称职的领导者不是只能处理符合经验的事务。应该不断清空自己的已有认知，保持在路上的状态。

做好决策是领导者的重要技能，也是团队之所以需要优秀的领导者的主要原因之一。

9 为什么有人喜欢抱怨？

核心观点：如果想要解决问题，给出的会是建议而非抱怨，抱怨没有任何益处。

无论是生活中还是工作中，我们都不喜欢抱怨者。抱怨者传递负能量，负能量不仅影响我们的心情，甚至还会直接拉低我们的工作效率。但我们虽然都不太不喜欢抱怨者，却应该去了解他们。只有了解，才能分门别类，加以应对。抱怨者大体可以分为四类：

一、不良习惯型。这种人养成了一种抱怨的习惯，为抱怨而抱怨。本书第五章介绍过习惯的重要性，所以这种把抱怨当做习惯的人非常可怜。对他们来说，抱怨就像一种“慢性病”。碰到这种人，哪怕你只是和他们简单问候，都要做好听他们讲一大堆抱怨的话的心理准备。

二、纯粹发泄型。如果说喜欢抱怨的习惯是种慢性病，那么纯粹发泄的抱怨就是“急性病”。比如一个人平时温文尔雅的，但是只要开车上路，立刻“路怒症”发作，路上的一切都可以抱怨，行人、交通灯、行道树、其他车辆……嘴里喋喋不休地说着不满的话。不幸的是，这些人选择了用抱怨来排遣心中的不满，是他们没办法消化负面情绪的表现。

三、加强控制型。有一种抱怨叫“妈妈式抱怨”，经常出现在家庭中。大到家庭财政、孩子升学，小到扫地洗碗、买菜做饭，什么都可以抱怨一番。之所以抱怨，其实有两方面的心理：第一，体现自己在家里不可取代的重要性；第二，加强对其他家庭成员的控制欲。但现实却是，这种抱怨往往出现于实际上地位和贡献比较弱势的一方。

四、拉帮结派型。这种抱怨是为了在人群中寻找有同样负能量的人，因为一个人的负能量是有限的。如果团队中出现这种抱怨者要格外小心，这种人会形成“黑洞”，把其他人也拉进去。团队中有三种类型的人：太阳、月亮和黑洞。太阳会发光，月亮借光也能发光，黑洞则毫无益处只会害人。所以，团队里如果有这种抱怨者要尽快清退。

如果抱着解决问题的心态的人会给出建议，而不是一味抱怨。抱怨，没有任何益处。

当然，我们每个人都可能会有负面情绪，也会偶尔抱怨。所以，**我们不仅要远离抱怨的人，也要远离抱怨的习惯。**如果我们自己不经意间变成了那个别人想要远离的人，那可太糟糕了。记住以下五点“心灵鸡汤”：一、了解自己，准确定位，树立远大的人生目标。二、转变认知，正视自己，养成乐观豁达的心态。三、正确归因，厘清原委，把握处事待人的良方。四、学习谦卑，珍惜拥有，享受知足常乐的快乐。五、积极行动，敢为人先，寻找超越自我的途径。虽然是鸡汤，偶尔喝也不无裨益。

案例十

“女版乔布斯”“硅谷最耀眼的明星”——骗徒霍尔姆斯的陨落之路

如果你是个很有钱的投资人，某日一名金发碧眼的19岁美女找到你，说她是斯坦福大学化工系的高材生，然后和你讲一个故事。她说，她从小就害怕打针，所以她想发明一种革命性的血液检测技术，只要一滴血，就能检测出人全身的疾病，包括癌症。为此她已经辍学创业，希望获得你的投资。你会不会心动呢？如果你会，那么就不难解释为什么那么多商界大腕、政界大佬也会了。而这位美女创建的公司，一度估值高达90亿美元。这位美女，就是曾被《福布斯》杂志评为“100名最有影响力人物”，被坊间称为“女版乔布斯”的伊丽莎白·A. 霍尔姆斯（Elizabeth A. Holmes）。而仅在她上榜《福布斯》的第二年，另一份杂志《财富》就抨击她是“世界上最让人失望的领导者”。

硅谷最耀眼的明星

霍尔姆斯1984年出生于美国华盛顿哥伦比亚特区，父亲曾经担任安然公司[1]的副总裁。2003年，就像很多怀抱梦想的硅谷创业家一样，19岁的霍尔姆斯毅然决然从斯坦福大学辍学，她希望自己有朝一日能和乔布斯一样，成为“改变世界”的大人物。

霍尔姆斯的创业项目是血液检测。传统的血液检测，需要用又

[1] 参见案例三。

长又粗的针头，刺入皮肤抽一大管血，然后在化验室进行化验。霍尔姆斯想，如果她可以发明一个只需要一滴血就能检测疾病的技术该多好！在她的设想里，血液采集可以用一张小贴片完成，小贴片上有个微小的针头，像蚊子一样，采集少量血液，没有任何疼痛。然后，通过小贴片上的神奇晶片进行分析，分析的结果会自动发送给医生。多么梦幻的主意！

霍尔姆斯成立了一间名叫"Theranos"的公司，这个词是"Therapy"（治疗）和"Diagnosis"（诊断）合并而成。但是她脑海中的神奇小贴片落到实处的时候，可就没想象中那么容易了。为什么传统血液检测需要抽那么多血呢？这主要是因为血液中有大量杂质，如果血液太少，杂质的干扰就会变得非常显著。霍尔姆斯也很快意识到，她的小贴片实际上根本是不可行的。于是她稍作调整，决定采用一种叫"微流控"的技术发明晶片，稍微多采集一点血液，但也仅限于一滴。可是，即便如此也还是没办法成功。她毕竟只是一名大学辍学生，难以处理如此高精尖的技术。

但是，即便公司内部的研发遭遇重重失败，好大喜功的霍尔姆斯对外还是坚持宣称他们的实验结果很成功，他们将为世界带来巨大改变。仅凭三寸不烂之舌，霍尔姆斯竟然吸引到一大批巨星级的投资人。比如美国前国务卿亨利·基辛格（Henry Kissinger）、前国防部长威廉·佩里（William Perry）、前中央司令部司令詹姆斯·马蒂斯（James Mattis）、传媒大亨鲁伯特·默多克（Rupert Murdoch）、甲骨文公司创办人赖瑞·艾利森（Larry Ellison）、斯坦福工学院副院长钱宁·罗伯逊（Channing Robertson）。霍尔姆斯通过吸引政商名流加入公司，逐渐成为硅谷最耀眼的明星。

该怎么骗才好呢?

但是，实际的技术没有成果，该怎么办呢？霍尔姆斯想到的办法，是瞒天过海。在对外展示“成果”的时候，她会安排工作人员真的取得微量的血液样本，然后送进分析仪中进行“分析”，这时候仪器就佯装开始分析血液，电脑荧幕上一本正经地显示着各种检验进度，最终打印出检验报告。然而，实际上这些检测过程都是事先安排好的过场。后来，霍尔姆斯嫌“微流控”的成本太高，干脆改用更廉价的机械手臂用吸管把血液吸出来，然后放到试管里做“检测”。更为可笑的是，霍尔姆斯采购的机械手臂，是市面上一种涂胶机器人稍作改装后与血液分析仪结合而成。这，就是“革命性”新产品的诞生。

为了让产品更有吸引力，霍尔姆斯从苹果公司重金挖角来一名设计师，为产品套上简洁大方的黑白线条包装，并将其命名为“爱迪生”。有了产品，融资自然就更加顺利。可是产品是假的，并不能真的检测血液，这该怎么办呢？霍姆斯“艺高人胆大”，干脆直接伪造数据，让“爱迪生”自动生成检测结果，然后继续去投资人那里骗钱。

霍尔姆斯的胆大包天，连她的员工都看不下去了，有人提出离职。不过离职的时候，员工会被逼签署“保密协议”，禁止对外公开任何公司的事情，否则会被告。为此，霍尔姆斯请来的律师也是硅谷首屈一指的金牌律师团队，寒蝉效应令离职员工不敢发声。

终于，2013年霍尔姆斯迎来两个大买家：年营业额过千亿美元的连锁药店Walgreens和北美第二大连锁超市Safeway。两家企业准备大量采购“爱迪生”，以便在他们的门店为顾客提供便捷血液检测服务。可是，“爱迪生”根本没法用，它只是用来骗投资人钱的玩意。怎么办呢？霍尔姆斯眼看着到嘴的肥肉，当然要一口吃下。于是，她在仓促之间推出了二号产品“miniLab”。“miniLab”毫无科技创新。实际上，她只是叫人采购了西门子公司的血液检测仪，拆开后按比例缩小，重新组装而成。

但是，由于采集的血液量太少了，导致检测结果频频出错。很快，不少检测者就被告知数据异常，因为担心健康出现问题，于是大量人跑去医院做体检。美国的体检费用昂贵，这给检测者造成了不少损失。投诉如排山倒海一般朝她涌来，但她还是没有打算收手。她下令员工把所有投诉封锁在公司内，还花重金清洗网上的负面评论，试图掩盖事实真相。

被一篇新闻报道戳破谎言

霍尔姆斯想到的“平息”事件的方法，是继续在媒体上曝光，推动“造神”运动，企图用“女版乔布斯”的光环击退网上的负面评论。她宣传自己不仅是硅谷传奇，同时还给医学界带来了革命性的改变。她到处宣扬自己的“美国梦”——希望有一天，所有美国家庭都能拥有一台“miniLab”，足不出户就能完成快速又可靠的血液检测。她甚至请来专业的形象顾问，不仅为她设计造型，还对声音进行了专业训练，使其变得低沉而神秘。她开始模仿乔布斯，对外总是穿着黑色高领长袖衫。她说：“一开始人们总是怀疑你，说你是疯子；而有朝一日，人们又突然肯定你，因为你改变了世界。”霍尔姆斯就这样凭借数据造假和广告宣传累积资金和名气，打造了一间估值90亿美元的Theranos公司。她因为拥有公司一半的股份，2014年入选“福布斯美国富豪榜”，排名110位。

终于，有专业的医疗公司开始质疑霍尔姆斯了。他们开始寻找霍尔姆斯提供的科学报告并加以研究。结果发现，根本就没有科学报告。有医生在博客上写下了自己的质疑，引起了普利策奖得主、《华尔街日报》调查记者约翰·凯瑞鲁（John Carreyrou）的注意。凯瑞鲁开始着手调查霍尔姆斯和她的公司，陆续挖出不少黑材料。

霍尔姆斯也不是吃素的。她企图拉拢《华尔街日报》的老板默多克，以压下凯瑞鲁的报道。不过默多克只是回应她说："我相信报纸的编辑会秉公处理的。"2015年10月15日，凯瑞鲁的报道正式刊出。紧跟着，Theranos摧枯拉朽地崩塌，霍尔姆斯迅速跌落神坛，前文所写的所有丑闻，均在监管部门的调查下公之于世。事后，凯瑞鲁将霍尔姆斯的欺诈案写成《恶血》一书出版。

美国亚利桑那州在2017年向Theranos提出诉讼，指控该公司卖了150万血液测试产品给亚利桑那州居民，但是却隐匿或歪曲有关测试产品的重要资讯。Theranos公司在同年4月答应将测试产品的费用退回给顾客，并且赔偿22.5万美元罚金及律师费，共计465万美元。其他相关的事件包括美国证券交易委员会、加利福尼亚州北部地区检察官办公室及联邦调查局针对民事及刑事的调查，以及两起诈骗案的集体诉讼。不过，霍尔姆斯否认公司在过程中有不当之处。2018年9月，Theranos正式停止运营。美国加利福尼亚北区联邦地区法院对霍尔姆斯案件进行审理。2022年1月，陪审团裁定霍尔姆斯包括刑事欺诈罪在内的4项罪名成立，不过欺诈病人的罪名不成立。

霍尔姆斯短短的37年人生，经历了不可思议的跌宕起伏。她的故事实在太具有传奇性了，恐怕电影编剧都写不出这样的故事。因此，苹果公司决定将其改编成电影，由奥斯卡影后詹妮弗·S. 劳伦斯（Jennifer S. Lawrence）亲自扮演霍尔姆斯，相信不久就会上映。

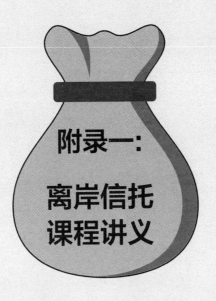

附录一：

离岸信托课程讲义

前 言

你应该听说过信托（Trust），这几年，信托这个概念在中国内地也十分流行。但是，我们在内地所说的信托，和在香港所说的信托是绝对不同的两种概念。

由于法律体系的差异，内地和香港的信托在业务侧重上存在很大的区别。内地的信托业务偏重于将信托作为一种**组合性投资工具**，通过向公众发行信托计划为投资项目募集资金，它和包括银行在内的金融机构业务存在重叠和竞争关系。而香港的信托则主要以提供家庭信托安排为主，业务目标是对财产保障、继承以及税务策划有需求的高资产人士，其业务性质属于**非银行金融业务。**

所以，在香港办理离岸信托，你千万不要去问“回报率是多少”这种有常识性错误的问题。为什么会出现这样的差别呢？别急，等你上完这堂课就会明白了。

你还可能听说过，京东集团的创始人刘强东名下就有离岸信托。根据界面新闻引述的信息显示[1]，早在2014年京东赴纳斯达克上市前夕，刘强东就办理了离岸信托，实现了与婚姻资产的隔离。在上市前3天修订的京东最后一版招股书中显示，创始人刘强东为第一大

[1] Amy姐的跨境金融圈，《10位富豪5000亿装入离岸家族信托！马云、刘强东、孙宏斌…离岸信托架构全揭秘》，界面新闻，2019-10-02，https://www.jiemian.com/article/3548518.html

股东，他通过位于英属维京群岛的离岸公司Max Smart Limited持有京东369,564,379股普通股。而这家英属维京群岛的离岸公司Max Smart Limited，是由刘强东通过信托持有，且他为信托的唯一股东，享有受益权。外界猜测，此举可能意在防止其妻“奶茶妹妹”章泽天分产。所以，即便2018年刘强东被爆料疑似桃色事件，他也没有传出婚变。而实际上，除刘强东成立离岸信托外，马云、黄铮、雷军、孙宏斌、王兴等众多国内顶级富豪，他们都在专业人士的协助下，成立了离岸信托。

看到这里，现在你可能已经产生一系列的问题了。离岸信托到底是什么？它为什么能起到资产隔离的效果？它有怎样的传统？它受到怎样的保护？什么样的人适合办理离岸信托？如果你也想办理离岸信托账户，应该做些什么准备？离岸信托办理的过程，以及办理之后，会产生哪些费用？这堂离岸信托课程的目标，就是希望用最通俗的语言，把以上的种种问题讲解清楚。

事不宜迟，我们马上就开始这段离岸信托的学习之旅。

1 离岸信托的基本概念

首先，请允许我把一个非常重要的知识点分享给你，然后再展开论述。这个知识点就是：**离岸信托具备“匿名性”**。一旦办理离岸信托，通常情况下，你以及你所指定的受益人的信息都是无需向有关部门登记的，也没有义务向他人进行披露。这与中国内地的信托非常不同，中国内地信托采用的是登记制，那么自然也就没有隐私性了。

那么，信托是如何诞生的呢？我们先来介绍一下它的历史。

话说早在9个世纪以前的12世纪，欧洲发生了十字军东征，无数欧洲人前往中东打仗。欧洲的战争思想和我们中国不同，他们有“蓝血贵族”的传统，他们觉得打仗这种事情，是贵族的“特权”，平民百姓没资格保卫国家。所以，很多参战的欧洲人，都是有产阶级，而不是无产阶级。于是就产生了一个问题，比如张三参军了，风萧萧兮易水寒，壮士一去兮不复还，打仗这种九死一生的事情，有去无回是常态。万一张三战死沙场，那么他在欧洲的财产该怎么办呢？即便没有战死，侥幸回来，张三这一去就是好几年时间，他的财产在当地会不会被公权力或其他人侵吞呢？

所以，英国人就发明了一种法律制度，在张三出征以前，把他名下的财产委托给李四来持有，并且跟李四约定：如果我回来了，你要把财产归还给我，我按照约定支付给你管理费；但如果我不幸战死，那么我的财产你要按照我的意愿来处理，并照顾好我的妻儿老小。在这个原始设计中，张三就成了委托人，李四就成了受托人，张三的妻儿老小就成了受益人。这，就是信托的雏形。

当然，我们现在说起来好像很简单，而真实的历史比这复杂得多。话说当年张三打完仗回到英国以后，李四翻脸不认人，不肯归还张三的财产了。张三怎么办？他一纸御状把李四告到国王那里。国王说，法律这个事情太专业，我说了也不算，于是委任大法官来审判。并且跟大法官说，你审判的标准就两个字，叫做“良心”。大法官明辨秋毫，最终命令李四把财产归还给了张三。

这里就要说到，英国的法律体系叫**“普通法”**（Comman Law），也叫“判例法”。大法官的判罚，会成为未来类似案件中法官的审判依据。所以，信托这种制度就因为张三的判例成了一种传统。而在普通法体系下，类似的判例越多，信托的法律基石就越牢固，后世法官想要推翻传统就越不容易，这是一个“良性循环”。时至如今，想要推翻近千年累积下来的判例，几乎是不可能的。

以上，就是信托诞生的一段历史。在这段描述中我们可以得出三点结论。

第一，信托的原理，是**财产的拥有权和持有权可以进行拆分。**张三是委托人，拥有财产的拥有权；而李四是受托人，拥有财产的持有权。

第二，信托成立的一个基本前提，就是**对私有产权的保护。**试想一下，当年张三去找国王告御状，国王说既然你们争持不下，那么不如财产就归朕吧。那么信托也是不可能成立的。

第三，信托的**法律基础是普通法**，只有在普通法体系下，信托才能行之有效。而放眼全球，实行普通法的国家和地区，比如美国、加拿大、澳大利亚、新加坡等。中国香港也是实行普通法的。这是香港拥有信托方面的超然优势的最重要原因。

当然，信托自从诞生以来，在经过将近千年的发展之后，现在它已经被打磨得非常完善，成为对私有财产的保护力度最强的法律工具之一。

2 离岸信托的结构

先划一个重点，也是必须要记住的知识点。那就是：中国香港的离岸信托不是纯粹的金融工具，也不是纯粹的法律工具，它兼具**“法**

律和金融二象性”。

我们说离岸信托，这里首先产生一个概念，什么是离岸？离岸，英文是offshore，是相对于“在岸”，英文是onshore而言的。离岸和在岸是一组相对的概念，你所在的地区是在岸，对面只要是不同的司法管辖区，就是离岸。所以，相对于中国内地的居民而言，中国香港就是离岸。内地居民在香港办理的信托，就属于离岸信托。

在一份信托中，必备的有两个“人”，否则就不成立。一个叫**“委托人”**，英文叫Trustor；一个叫**“受托人”**，英文叫Trustee。信托的所有规则，都是由委托人制定的。委托人可以指定第三个“人”，即**“受益人”**，英文叫Beneficiary，但这是可以重叠的。

受益人可以是委托人自己吗？可以。比如陈先生要从中国香港移民去英国，他不想交英国的税，选择把财产留在香港，于是成立信托，委托ABC公司做他的受托人，约定ABC公司每月支付陈先生1万元生活费。这时候，陈先生就既是信托的委托人，同时也是信托的受益人。当然，多数情况下信托的受益人会包括委托人以外的其他人。

在香港的信托中，除了委托人、受托人和受益人外，有时候为了加强信托的执行力，还会设立信托**“监察人”**，英文叫Supervisor。监察人的作用，是监督受托人按照委托人的意愿执行信托。在香港明星沈殿霞为女儿郑欣宜办理的信托中，沈殿霞的前夫、郑欣宜的亲生父亲郑少秋，就是信托的监察人。

另外，为了增强信托的安全性，香港信托还有一个**“保护人”**，英文叫Protector。保护人的作用，是在信托发生纠纷的时候，为信托提供法律保护。谁是香港信托的保护人呢？根据法律规定，香港的律政司，也就是相当于内地最高人民检察院的检察长，有义务成为公众信托的保护人。换句话说，当信托发生诉讼的时候，律政司必须参与到信托的诉讼当中，成为与讼一方。这也大大增强了香港信托的法律效力。

让我们再来梳理一下，在一份信托中，可能存在有5个“人”，他们分别是：委托人、受托人、受益人、监察人和保护人。

通常情况下，委托人是个人，而受托人则既可以是个人，也可以是机构。个人受托人，英文叫做Lay Trustee。好比张三把财产委托给李四，李四就是个人受托人。这样做的好处是手续简单，坏处是李四这个人可不可靠，不好说。所以，现代信托很少以个人作为信托人。而机构受托人，主要有三类，分别是银行、信托公司和律师事务所。这部分的内容，我们会在附录一第5节“离岸信托的运作”中展开论述。

看到这里，我们再回头强调一下离岸信托的“法律和金融二象性”。离岸信托并不是单纯的金融工具，同时也是一套法律工具，受到普通法体系下的信托法的保护。你可以通过信托理财，也可以不通过信托理财，这是你的个人意愿决定的。所以，离岸信托不存在“暴雷”的情况。

3 离岸信托的种类

当我们要讨论分类的时候，我们在讨论的是什么呢？是标准。按照时效性、功能性和是否可撤销性，我们可以把离岸信托以不同的标准做分类。

按照时效性分类，离岸信托可以分为生前信托和备用信托两大类。

生前信托，英文叫Living Trust，顾名思义，它指的是委托人还活着的时候，就开立并启动的信托。这种信托的好处是马上就能生效，坏处则是马上就要开始支付信托管理费。什么样的情况下，委托人会选择生前信托呢？通常是出于防范税务风险、法律风险等目的，比如防范离婚所带来的财产损失。著名的默多克和邓文迪离婚案件，就因为默多克提早办理了生前信托，才没有造成巨额的财产损失。

备用信托，英文叫Standby Trust，顾名思义，它指的是暂时不启动，而由委托人和受托人约定一个时间再启动的信托。这样做的好处，是委托人暂时不需要支付信托管理费用。什么样的情况下，委托人会选择备用信托呢？通常是出于财富传承为目的的需求。因为财富传承一般是委托人去世以后才发生的动作，所以委托人和受托人约定启动信托的时间，通常就是委托人去世开始。当然，也可以约定其他的时间。

而由于备用信托通常是在委托人过世之后才启动的信托，所以它又可以结合其他金融和法律工具共同使用，效果更好。比如，它可以和遗嘱结合，成为**“遗嘱信托”**，这样能够省去遗产税和交易税。又如，它可以和保险结合，成为**“保险信托”**，这样委托人的生命就具备杠杆效应，这样可以放大财产价值。再如，它可以和公益机构结合，成为**“公益信托”**，这样可以连日常运营的税务也获得减免。如果再加以优化的话，信托的受益人还可以以公司的形式受益。这些具体的操作，都要在办理信托前咨询清楚。

刚刚说的是以时效性作为标准的分类，那么如果以功能性分类，离岸信托又可以分为两种，一种是金融信托，一种是家族信托。

所谓**金融信托**，主要是以理财、税务规划等目的而办理的信托。

它的主要功能，是解决委托人的金融需求。

所谓**家族信托**，主要是以实现永续财富为目的而办理的信托。它的主要功能，是规范家族成员的行为。

另外，如果以是否可撤销性来分类，离岸信托还可以分为两种，一种是可撤销信托，一种是不可撤销信托。

可撤销信托，就是可以对其进行更改或撤销的信托。**不可撤销信托**，则是不能对其进行更改或撤销的信托，一锤定音。你可能会问，下了什么样的决心，才会把信托设为不可撤销呢？这样的情况还真不少。比如，按照全世界大多数地区的法律规定，如果财产想要避免遗产税，信托通常为不可撤销，不允许信托规则改来改去，钻法律空子。这也不难理解，政府不是“冤大头”，不会既给你享受好处，还给你充分自由，你总要选一边站的。这一点，我们在第6节中还会展开论述。

在西方贵族的财富世界有句名言，财富传承主要需要防范三大风险，那就是：**防法、防税和防作。**因为法律、税务和家族成员的违法乱纪行为，都会造成财富的损失。离岸信托，恰恰能防范这三大风险。

4 离岸信托的办理

为什么全世界有大量富豪，会不约而同选择在中国香港办理离岸信托呢？那是因为，根据中国香港立法会通过的《2013年信托法律（修订）条例草案》所规定，废除了中国香港对信托存续期的限制。

换句话说，在中国香港信托法的保护下，办理的信托可以是永续的。这带来一个巨大的好处。在全世界任何地方办理的信托，都有时效性，无论是50年还是100年，这个信托就会终止，需要重新再办理一次。那么，家族财富就会“浮出水面”，曝光一次。而在中国香港办理的信托则一劳永逸，办理之后财富就永久在信托内。这样起到的效果，就是永久性的资产隔离，以及**永续**富裕。从外界能看到的财富，全部都在受托人名下，而财富的实际控制权，又掌握在委托人的手中。

那么，办理信托需要准备些什么文件呢？一般最基本的包括三大类文件。

第一类文件是**意愿书**，英文叫Letter of Whishes，这是最重要的文件，里面规定了委托人的所有意愿。在普通法的体系下，个人意愿是非常重要的。所有法律文件，都必须基于个人意愿，而不是被强迫的。那么，什么样的意愿可以成为信托的条款呢？你只需要记住一句话，信托条款没有强制法律效力，只有鼓励性质。这主要是因为，委托人不是立法机构。说得通俗一点，**委托人不能“威逼”受益人，只能“利诱”受益人。**而在这个基础上，委托人可以把自己的任何意愿，通过信托条款表现出来。比如，希望子孙多生孩子，可以设立“生育基金”，每生一个孩子奖励多少钱。又如，希望子孙多读书，可以设立“教育基金”，每读一个学位奖励多少钱。这些都是可以做到的。

另外，委托人在离岸信托中的意愿还有一个好处，即它在受益人之间是相互保密的。如果有多名受益人，单一受益人只能看到自己的受益条款，而看不到其他受益人的受益条款。甚至于，受益人之间只要相互不认识的话，他们可能并不知道有其他受益人的存在。这就比遗嘱好得多，遗嘱是要在所有受益人面前宣读或者公证的。

第二类文件是**受托人备忘录**，英文叫Trustee Memorandum，这是由受托人保存的。

第三类文件是**信托契约**，英文叫Deed of Trust，这份契约对信托各方公开，包括委托人、受托人、受益人、监察人、保护人等，它不会透露委托人的意愿。

从以上描述中我们可以看出，离岸信托意愿书是信托中最重要的文件。所以，如果是解决理财需求的金融信托，意愿书通常可以用格式合约办理，可以节省时间。但如果是解决传承需求的家族信托，意愿书就要在专业人士的协助下拟定，这个过程可简单也可复杂。所需专业人士，包括律师、税务专家、信托公司专员，甚至还可以包括保险顾问等等。

金融信托办理比较简单，所需时间大约1至2个月可以完成。家族信托因为要咨询，所以时间可长可短。离岸信托办理好了之后，就要面对下一步的运作了。

5 离岸信托的运作

离岸信托的运作原理并不复杂。由于表面上，委托人的财产在受托人的名下。如果是生前信托，委托人可以随时命令受托人支配资产。比如，以前你想购买100股腾讯股票，是从你个人账户去购买。但是离岸信托开立后，你作为委托人，就发出指令通过受托人去购买。如果受托人是信托公司的话，那么账面上只会显示该信托公司购买了100股腾讯股票，而不是你，这就起到了资产隔离的效果。而如果是委托人去世之后启动的备用信托的话，受托人在委托人去世后，就根据意愿书执行和分配委托人的财富给受益人。那么，相信你在离岸信托的运作中最关心的问题，一定是它的费用。

离岸信托的办理和运作过程中，有可能会产生以下费用：

第一，**信托办理费。**这笔费用的多少，通常基于两点考虑，第一是受托人提供的服务有哪些，第二是委托人注入的资产体量有多少。这两点都是可以经过磋商后量身定制的，如果注入信托的资产较多，信托开立费甚至是有可能酌情减免的。

第二，**运营费。**这要视乎你委托什么机构做受托人。前面说过，有三种机构可以做受托人，复习一下，分别是：**银行、信托公司和律师事务所。**在运营费方面，银行通常是最高的，因为他们“店大欺客”，行价通常是每年收取总资产的2%—5%不等。信托公司其次，因为他们更像“乙方”。通常信托公司会根据委托人的操作进行收费，假如资产只存不动，那么也不太会产生费用。最便宜的是律师事务所，但是律师事务所通常不会给投资建议，纯粹帮客户办理信托，是否合适因人而异。另外，还有一种固定收费的模式，就是不按比例收费的做法，这也是可以和受托人酌情商谈的。

第三，**律师费。**如果成立金融信托，这笔费用是可能减免的。但成立家族信托的话，这笔费用跑不掉。而律师费究竟多少，则要视信托架构的复杂性而论。越复杂的信托架构，产生的律师费自然就越高。

第四，**税务专家费用。**由于中国香港是出名的低税地区，也是全球最自由经济体，欢迎不同国籍人士前来开立信托。但不同国籍有不同的税务法规，有的是国籍原则，有的是居民原则，有的是属地原则等。如果是以税务规划为目的的离岸信托，就有必要聘请税务专家。

第五，**公司费用。**办理信托为什么会产生公司费用呢？那是因为为了更好地隔离资产或传承财富，有时候会在信托下成立公司，再将资产注入公司。于是，就产生了公司成立和运营费用，但这并不是必须的。

第六，**资产注入费用。**办理信托只是第一步，第二步是将资产注入信托，否则信托就没有意义了。而不同类型的资产，在不同时期注入信托，都会产生不同费用的，这中间也是有技巧的。比如，房产注入信托涉及税费，就要等待优惠政策出台时，趁机将房产注入信托。

以上这些，就是离岸信托在运作过程中可能产生的费用。

6 离岸信托、资产隔离和财富传承

因为离岸信托具有法律性，所以办理以后，各种各样的资产都可以注入信托，比如现金、公司、股票、房产、保险、古董字画、汽车珠宝、数字货币等等。多数资产注入信托后，就可以起到隔离效果，但也不是那么一概而论。好比说遗产税规划的问题，这个就比较复杂。

遗产税是一种比较特殊的税种，全球有超过110个国家和地区有遗产税，而且通常都实行**先完税后继承**的原则。在一些遗产税率较高的地区，比如美国、英国，不少富二代都因为无法完税而继承不到父辈的遗产。比如韩国三星集团第一代会长李秉哲的继承人，就不得不大量举债来支付高达近700亿韩元的“天价”遗产税。

遗产税之所以复杂，是因为遗产的种类繁多。有的遗产在征税时实行属地原则，例如房产；有的遗产则实行属人原则，就是跟人的。2006年中国香港立法会通过法案，废除了遗产税，从而形成“税收洼地”效应，导致一时间全世界海量的资金涌入香港。但是，很快人们发现这样做还不能完全解决问题。比如不少人的主要资产是房产，房子在外国没办法搬到中国香港来，卖掉又舍不得。于是，在专业人士的建议下，就采用信托来持有公司，再由公司来持有海外房产的方式，解决了这一问题。

实际上，利用离岸信托来避免遗产税的原理是这样的：**委托人的所有资产都可以让信托名下的公司来持有，这样一来，委托人身故后，其资产仍在公司中运作，实际不产生继承动作，自然也就没有遗产税的问题了。**

在信托办理后，还可以给信托加一把“锁”。加了锁的信托，就是我们在前面提过的“不可撤销信托”；没加锁的信托，则称为“可撤销信托”。有什么区别呢？顾名思义，不可撤销一锤定音，办理后就不能更改了；可撤销还不是最终版本，随时可以再更改。为什么要把信托设为不可撤销呢？那是因为按照全球惯例，委托人如果想要避免被征遗产税的话，其信托必须为不可撤销信托，这是可以理解的。比如你今天办理了可撤销信托，避开了遗产税，明天又更改或撤销信托条款，把资产从信托里取走，那么税务部门不就成了冤大头？所以，虽然中国内地目前尚没有推出遗产税，但是想必未来推出遗产税的时候，很大概率也会参考这条国际惯例。那么，不可撤销信托就要了解清楚了。在办理不可撤销信托之前，也要充分咨询信托规则，务求完善。

另外，生意人最担心的是营商的风险，资金流的风险。2021年恒大系的“暴雷”事件，给许多生意人敲响了警钟。如果办理了离岸信托，那么也可以抵御生意上的风险。当然，你不可以在得知生意失败前匆忙去开立离岸信托，这属于**恶意转移资产**，会遭到法律制裁。你要做的是未雨绸缪，按照香港信托法的相关规定，开立满60个月，也就是提早5年开立的信托被视为合理信托，不用做破产清算。香港前首富李嘉诚有句名言：等枪响了再跑就来不及了。一切的好结果，都是提早准备出来的。

7 离岸信托与婚姻

很多有钱人还没意识到，婚姻是最难评估的财富风险。前面我们说了，生意人如果要隔离资产，应该至少提早60个月办理离岸信托。那么，离岸信托能否保护婚内资产呢？也是可以的。根据中国香港相关法律规定，只要信托办理满24个月，也就是两年，便视为合理信托，不算婚内恶意转移资产，即便离婚也不用参与分产。

前面我们提到过的刘强东的离岸信托，还有默多克的生前信托，这些都是非常好的案例。在这里，我们来剖析一下默多克的信托体系，参考一下他的设计。

默多克是传媒大亨，其资产超过150亿美元，也就是大约1000亿人民币。2016年，84岁的他与小他25岁的名模女友杰丽·霍尔完婚，这是他的第4段婚姻。而翻看默多克的婚姻，第2段婚姻是对其财产伤害最大的。

默多克的第一任妻子是空姐派特丽夏，婚姻维持了11年，育有一女。1967年离婚时默多克不是太富有，还算是波澜不惊。默多克的第二任妻子安娜，他们在一起31年，育有3个孩子，1999年离婚。离婚的时候，安娜分走了默多克17亿美元的财产，当时被称为“史上最贵分手费”。个人财产事小，生意帝国事大。默多克与安娜离婚事件，对他名下公司股价造成了巨大冲击。随后，默多克又与华人邓文迪结婚，育有两女，2013年离婚。但这次离婚，邓文迪就只获得位于纽约曼哈顿第五大道的一套豪宅，以及中国北京的一套四合院。相比于安娜，邓文迪几乎没有对默多克的财产造成任何威胁。为什么会这样？主要就是因为默多克在第二次离婚后痛定思痛，办理了信托。

一个人可以办理多个信托，默多克就是这样做的。他的大部分资产源自于其持有的新闻集团的股权，于是默多克办理了多个信托来持有新闻集团的股权。

默多克新闻集团的股权分为两种：一种是A类股权，没有投票权；另外一种是B类股权，具有投票权。

默多克办理的第一个信托持有默多克的2600万股新闻集团的A类股权，他平均分给了自己的6个孩子。但A类股权没有投票权且被放入信托，因此6个子女只享受收益，不能介入公司运营。

默多克开立的第二个信托则持有新闻集团近40%的B类股权，默多克与前两任妻子的4个子女是默多克信托的监察人。不仅如此，4个子女还拥有新闻集团的投票权，从信托的安排可以看出，新闻集团的控制权，实际上掌握在默多克和前两任妻子的4个子女手中，与邓文迪和她的两个女儿毫无关系。

由此我们可以看出，在默多克心中的亲疏远近。谁有权享受财富，谁有权参与生意，这些都可以通过离岸信托来实现其个人意愿。

以上，就是我们所有七节离岸信托课程的主题内容。别急着走开，因为我们还有一节总结课，帮助大家回顾一下所有学过的内容。

结　语

通过以上的学习，相信你现在已经是半个离岸信托的“理论专家”了。接下来只要通过实践，就能成为玩转离岸信托的高手。那么，现在我们来回顾一下学了什么。

第一，我们学习了离岸信托的概念。要记得，真正的信托只有在保护私有产权的普通法体系下才能成立。换句话说，中国内地居民想要运用信托来隔离资产与传承财富，一定要选择离岸信托，而距离最近的普通法地区，就是中国香港。

第二，我们学习了离岸信托的结构。我们要记住，离岸信托具有“金融和法律二象性”，不存在暴雷的情况。而在一份信托中，可能存在5个“人”，分别是：委托人、受托人、受益人、监察人和保护人。其中，委托人和受托人是必须的。

第三，我们学习了离岸信托的种类。根据离岸信托的时效性、功能性和是否可撤销性三种标准，我们可以把离岸信托分成不同的种类。这些不同种类的信托，分别具有各自不同的优缺点，在具体使用的时候，可以酌情定性。

第四，我们学习了离岸信托办理时需要准备的文件。我们要记住，在所有文件中，意愿书是最重要的，它记录了委托人的个人意愿，而法律必须尊重委托人的个人意愿。同时我们还要记住：信托条款没有强制法律效力，只有鼓励性质。

第五，我们学习了离岸信托的运作。这里重点讲解了离岸信托在运作过程中可能产生的费用。所有的费用，都应该根据实际情况做出最终的评估，不能一概而论。

第六，我们学习了离岸信托是如何帮助我们做到资产隔离与财富传承的。离岸信托只要成立满60个月，那么即便生意失败，信托内的资产也不用做破产清算。离岸信托只要开立为不可撤销信托，那么按照国际惯例就可以避免遗产税的征缴。

第七，我们学习了离岸信托在婚姻中如何保护我们的财富。我们重点剖析了默多克的信托框架。

另外，最为关键和重要的 一点是，离岸信托有别有中国内地信托的一个核心点在于，内地信托实行登记制，离岸信托具备“匿名性”，基于此，离岸信托才有资产隔离的功能。

到这里，我们就完成了离岸信托课程的学习。相信这个学习过程对你来说，既辛苦又充实。但对好学的你来说，别忘了知行合一的道理，光有知识是不够的，下一步是进行实践。而在最后还是要强调一下，本课程只用作学习，不构成任何具体的投资建议。如果想要获得专业的投资建议，可以联络相关的专业人士。

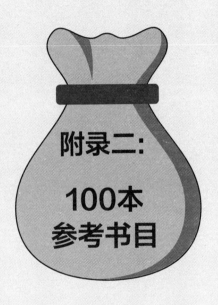

附录二：

100本参考书目

敬告读者：此为一份“参考书目”，多是本书中提到过的著作。但请读者留意，这并非一份“推荐书目”。建立常识需要大量阅读，这本身亦是常识之一。然而，有很多书的确写得过于冗长、枯燥、乏味，乃至八股，就像电影短片非要拉长成鸿篇巨制，不值一读。如英国伟大的文学家塞缪尔·约翰逊（Samuel Johnson）在评论北爱尔兰名胜巨人堤道是否值得一看时说的那样：“值得看，但不值得亲自去看。”这样的书，并不推荐各位读者花大量时间阅读，从本书中管窥精华足矣。

美洲作者

【加】亨利·明茨伯格著，张猛、钟含春译，《战略规划的兴衰》（*The Rise & Fall of Strategic Planning*），北京：中国市场出版社，2010

【加】娜奥米·克莱恩著，徐诗思译，《NO LOGO：颠覆品牌全球统治》（*NO LOGO: Taking Aim at the Brand Bullies*），桂林：广西师范大学出版社，2009

【加】亨利·明茨伯格、布鲁斯·阿尔斯特兰德、约瑟夫·兰佩尔著，魏江译，《战略历程》（*Strategy Safari*），北京：机械工业出版社，2020

【美】杰夫·柯文著，周宜芳译，《我比别人更认真：刻意练习让自己发光》（*Talent Is Overrated: What Really Separates World Class Performers from Everybody Else*），台北：天下文化，2009

【美】托马斯·斯坦利著，王正林、王权译，《邻家的百万富翁》（*Stop Acting Rich*），北京：中信出版社，2011

【美】沃伦·巴菲特著，杨天南译，《巴菲特致股东的信：投资者和公司高管教程（原书第4版）》（*The Essays of Warren Buffett*），北京：机械工业出版社，2018

【美】约翰·博格著，巴曙松、吴博等译，《共同基金常识》（*Common Sense on Mutual Funds*），北京：北京联合出版公司，2017

【美】大卫·F. 史文森著，年四伍、陈彤译，《非凡的成功：个人投资的制胜之道》（*Unconventional Success: A Fundamental Approach to Personal Investment*），北京：中国人民大学出版社，2020

【美】吉姆·洛尔、托尼·施瓦茨著，高向文译，《精力管理》（*The Power of Full Engagement: Managing Energy, Not Time, Is the Key to High Performance and Personal Renewal*），北京：中国青年出版社，2015

【美】西奥多·舒尔茨著，吴珠华译，《对人进行投资》（*Ivesting in people: The Economics of Population Quality*），北京：商务印书馆，2017

【美】丹尼尔·平克著，阊佳译，《全新销售：说服他人，从改变自己开始》（*To Sell Is Human: The Surprising Truth About Moving Others*），杭州：浙江人民出版社，2013

【美】斯特兹·特克著，王小娥译，《艰难时代：亲历美国大萧条》（*Hard Times: An Oral History of the Great Depression*），北京：中信出版集团，2016

【美】诺顿·雷默、杰西·唐宁著，张田、舒林译，《投资：一部历史》（*Investment: A History*），北京：中信出版集团，2017

【美】迈克尔·刘易斯著，孙忠译，《说谎者的扑克牌：华尔街的投资游戏》（*Liar's Poker*），北京：中信出版社，2007

【美】彼得·德鲁克著，齐若兰译，《管理的实践》（*The Practice of Management*），北京：机械工业出版社，2006

【美】米尔顿·弗里德曼、罗丝·弗里德曼著，张琦译，《自由选择》（*Free to Choose: A Personal Statement*），北京：机械工业出版社，2008

【美】鲁思·本尼迪克特著，吕万和、熊达云、王智新译，《菊与刀：日本文化的类型》（*The Chrysanthemum and the Sword: Patterns of Japanese Culture*），北京：商务印书馆，1990

【美】保罗·福塞尔著，梁丽真、乐涛、石涛译，《格调：社会等级与生活品味》（*Class: A Guide through the American Status System*），北京：世界图书出版公司，2011

【美】刘易斯·拉普曼著，尹鸿雁译，《名流：上流社会交际法则》（*Upper Class*），重庆：重庆出版社，2008

【美】凡勃伦著，蔡受百译，《有闲阶级论：关于制度的经济研究》（*The Theory of the Leisure Class: An Economic Study of in Stitutions*），北京：商务印书馆，1964

【美】史蒂芬·柯维著，高新勇、王亦兵、葛雪蕾译，《高效能人士的七个习惯》（*The 7 Habits of Highly Effective People*），北京：中国青年出版社，2018

【美】汤姆·柯利、麦可·雅德尼著，罗耀宗译，《习惯致富：成为有钱人，你不需要富爸爸，只需要富习惯》（*Rich Habits, Poor Habits: Discover Why the Rich Keep Getting Richer and How You Can Join Their Ranks*），台北：远流，2019

【美】彼得·考夫曼编，李继宏译，《穷查理宝典：查理·芒格智慧箴言录》（*Poor Charlie's Almanack: The Wit and Wisdom of Charles T. Munger*），北京：中信出版集团，2016

【美】贾雷德·戴蒙德著，廖月娟译，《崩溃：社会如何选择成败兴亡》（*Collapse: How Societies Choose to Fail or Succeed*）北京：中信出版集团，2022

【美】本杰明·格雷厄姆著，王中华、黄一义译，《聪明的投资者》（*The Intelligent Investor*），北京：人民邮电出版社，2010

【美】本杰明·富兰克林著，刘玉红译，《穷查理年鉴：财富之路》（*Poor Richard's Almanack*），上海：远东出版社，2003

【美】霍华德·马克斯著，李莉、石继志译，《投资最重要的事》（*The Most Important Thing: Uncommon Sense for the Thoughtful Investor*），北京：中信出版社，2012

【美】汤姆·莱特、布莱利·霍普著，林旭英译，《鲸吞亿万：一个大马年轻人，行骗华尔街与好莱坞的真实故事》（*Billion Dollar Whale: The Man Who Fooled Wall Street, Hollywood, and the World*），台北：早安财经，2019

【美】马修·P. 芬克著，董华春译，《幕内心声：美国共同基金风云》（*The Rise of Mutual Funds:An Insider's View*），北京：法律出版社，2011

【美】彼得·L. 伯恩斯坦著，穆瑞年等译，《与天为敌：风险探索传奇》（*Against the Gods: The Remarkable Story of Risk*），北京：机械工业出版社，2007

【美】乔尔·蒂林哈斯特著，王列敏、朱真卿、郑梓超译，《大钱细思：优秀投资者如何思考和决断》（*Big Money Thinks Small:*

Biases, Blind Spots, and Smarter Investing），北京：机械工业出版社，2020

【美】约翰·博格著，望京博格、李天聘译，《坚守："指数基金之父"博格的长赢之道》（*Stay the Course: the Story of Vanguard and the Index Revolution*），北京：中信出版集团，2020

【美】弗兰克·H. 奈特著，安佳译，《风险、不确定性与利润》（*Risk, Uncertainty and Profit*），北京：商务印书馆，2006

【美】托马斯·科里著，程静、刘勇军译，《富有的习惯》（*Rich Habits: Change Your Babits, Change Your Life*），北京：民主与建设出版社，2018

【美】查尔斯·庞兹著，周旭译，《骗局之王》（*The Rise of Mr. Ponzi*），北京：文化发展出版社，2017

【美】汉娜·阿伦特著，王寅丽译，《人的境况》（*Human Condition*），上海：上海人民出版社，2009

【美】丹尼尔·卡尼曼著，胡晓姣、李爱民、何梦莹译，《思考，快与慢》（*Thinking, Fast and Slow*），北京：中信出版社，2012

【美】理查德·塞勒著，高翠霜译，《赢家的诅咒：经济生活中的悖论与反常现象》（*The Winner's Curse: Paradoxes and an Omalies of Economic Life*），北京：中信出版集团，2018

【美】马修·比索普、迈克尔·格林著，《慈善资本主义：富人如何拯救世界》（*Philanthrocapitalism: How the Rich Can Save the World*），北京：社会科学文献出版社，2011

【美】安德鲁·卡内基著，杨会军译，《财富的福音》（*The Gospel of Wealth*），北京：京华出版社，2006

【美】艾美·艾德蒙森著，朱静女译，《心理安全感的力量：别让沉默扼杀了你和团队的未来》（*The Fearless Organization: Creating Psychological Safety in the Workplace for Learning, Innovation, and Growth*），台北：天下杂志股份有限公司，2020

【美】沃伦·本尼斯著，姜文波译，《领导的轨迹》（*Managing the Dream: Reflections on Leadership and Change*），北京：中国人民大学出版社，2008

【美】贝瑞·史瓦兹著，李芳龄译，《我们为何工作》（*Why We Work*），台北：天下杂志股份有限公司，2016

【美】布芮尼·布朗著，洪慧芳译，《脆弱的力量》（*Daring Greatly: How the Courage to be Vulnerable Transforms the Way We Live, Love, Parent, and Lead*），台北：马可孛罗文化，2013

【美】金·斯科特著，崔玉开、崔晓雯、张光磊译，《绝对坦率：一种新的管理哲学》（*Radical Candor:How to be a Kickass Boss Without Losing Your Humanity*），北京：中信出版集团，2019

【美】斯科特·普劳斯著，施俊琦、王星译，《决策与判断》（*The Psychology of Judgment and Decision Making*），北京：人民邮电出版社，2020

【美】约翰·凯瑞鲁著，林锦慧译，《恶血：硅谷独角兽的医疗骗局! 深藏血液裡的秘密、谎言与金钱》（*Bad Blood: Secrets and Lies in a Silicon Valley Startup*），台北：商业周刊，2018

【美】小约瑟夫·L. 巴达拉科著，江之永译，《领导者性格》（*Questions of Character: Illuminating the Heart of Leadership Through Literature*），北京：商务印书馆，2010

【美】瑞·达利欧著，赵灿、熊建伟、刘波译，《债务危机：我的应对原则》（*A Template For Understanding Big Debt Crises*），北

京：中信出版集团，2019

【美】霍华德·马克斯著，刘建位译，《周期：投资机会、风险、态度与市场周期》（*Mastering the Market Cycle: Getting the Odds On Your Side*），北京：中信出版集团，2019

【美】杰西·利弗莫尔著，黄程雅淑、马晓佳译，彼得·林奇点评版《股票作手回忆录》（*Reminiscences of A Stock Operator*），北京：中国青年出版社，2012

【美】珍妮特·洛尔著，邱舒然译，《查理·芒格传》（*Damn Right! Behind the Scenes with Berkshire Hathaway Billionaire Charlie Munger*），北京：中国人民大学出版社，2009

【美】彼得·D. 希夫、安德鲁·J. 希夫著，胡晓姣、吕靖纬、陈志超译，《小岛经济学：鱼、美元和经济的故事》（*How an Economy Grows and Why It Crashes*），北京：中信出版集团，2017

【美】大卫·哈克特·费舍尔著，X. Li译，《价格革命：一部全新的世界史》（*The Great Wave: Price Revolutions and the Rhythm of History*），桂林：广西师范大学出版社，2021

【美】托马斯·索维尔著，吴建新译，《经济学的思维方式》（*Basic Economics : A Common Sense Guide to the Economy*），成都：四川人民出版社，2018

【美】查尔斯·古德哈特、马诺吉·普拉丹著，廖岷、缪延亮译，《人口大逆转：老龄化、不平等与通胀》（*The Great Demographic Reversal：Ageing Societies, Waning Inequality, and an Inflation Revival*），北京：中信出版集团，2021

【美】爱德华·O. 威尔逊著，毛盛贤、孙港波、刘晓君、刘耳译，《社会生物学：个体、群体和社会的行为原理与联系》

（*Sociobiology: The New Synthesis*），北京：北京联合出版公司，2021

【美】维维安娜·泽利泽著，姚泽麟译，《金钱的社会意义：私房钱、工资、救济金等货币》（*The Social Meaning of Money : Pin Money, Paychecks, Poor Relief, and Other Currencies*），上海：华东师范大学出版社，2021

欧洲作者

【奥】阿尔弗雷德·阿德勒著，区立远译，《认识人性：个体心理学大师阿德勒传世经典》（*Menschenkenntnis*），台北：商周出版，2017

【奥】西格蒙·弗洛伊德著，严志军、张沫译，《一种幻想的未来、文明及其不满》（*Die Zukunft einer Illusion. Das Unbehagen in der Kultur*），上海：上海人民出版社，2007

【英】弗里德里希·奥古斯特·冯·哈耶克著，王明毅、冯兴元等译，《通往奴役之路》（*The Road to Serfdom*），北京：中国社会科学出版社，1997

【奥】弗里德里希·奥古斯特·冯·哈耶克，冯克利、胡晋华等译，《致命的自负：社会主义的谬误》（*The Fatal Conceit*），北京：中国社会科学出版社，2000

【丹】拉斯·特维德著，董裕平译，《逃不开的经济周期：历史，理论与投资现实》（*Business Cycles: History, Theory and Investment Reality*），北京：中信出版社，2012

【德】雷纳·齐特尔曼著，李凤芹译，《富人的逻辑：如何创造财富，如何保有财富》（*Reich werden und bleiben: Ihr Wegweiser zur finanziellen Freiheit*），北京：社会科学文献出版社，2016

【德】伊曼努尔·康德著，何兆武译，《永久和平论》（*Zum ewigen Frieden*），上海：上海人民出版社，2005

【德】马克斯·韦伯著，阎克文译，《新教伦理与资本主义精神》（*The Protestant Ethic and the Spirit of Capitalism*），上海：上海人民出版社，2018

【德】黑格尔著，贺麟、王玖兴译，《精神现象学》（上、下卷）（*Phänomenologie des Geistes*），北京：商务印书馆，1979

【法】埃里克·芒雄–里高著，彭禄娴译，《贵族：历史与传承》（*Singuliere noblesse l'heritage nobiliaire dans la France contemporaine*），北京：生活·读书·新知三联书店，2018

【法】米歇尔·阿尔贝尔著，杨祖功、杨齐、海鹰译，《资本主义反对资本主义》（*Capitalisme Contre Capitalisme*），北京：社会科学文献出版社，1999

【瑞士】西斯蒙第著，何钦译，《政治经济学新原理》（*Nouveaux principes d' é conomie politique, ou de la richesse dans ses rapports avec la population*），北京：商务印书馆，1998

【法】卢梭著，李常山译，《论人类不平等的起源和基础》（*Discours sur l'origine et les fondements de l'in é galit é parmi les hommes*），北京：商务印书馆，1997

【法】皮埃尔·布尔迪厄著，刘晖译，《区分：判断力的社会批判》（*La Distinction: Critique sociale du jugement*），北京：商务印书馆，2015

【匈】安德列·科斯托拉尼著，唐峋译，《一个投机者的告白》（*Die Kunst ü ber Geld nachzudenken*），台北：商智文化事业公司，2014

【英】詹姆斯·斯蒂芬著，冯克利、杨日鹏译，《自由·平等·博爱：一位法学家对约翰·密尔的批判》（*Liberty, Equality, Fraternity*），桂林：广西师范大学出版社，2007

【英】贝特兰·罗素著，傅雷译，《幸福之路》（*The Conquest of Happiness*），北京：台海出版社，2019

【英】亚当·斯密著，郭大力、王亚南译，《国富论》（*The Wealth of Nations*），北京：商务印书馆，2014

【英】约翰·梅纳德·凯恩斯著，高鸿业译，《就业、利息和货币通论（重译本）》（*The General Theory of Employment, Interest, and Money*），北京：商务印书馆，1999

【英】卡尔·波普尔著，陆衡等译，《开放社会及其敌人（全二卷）》（*The Open Society and its Enemies*），北京：中国社会科学出版社，1999

【英】艾玛·罗斯柴尔德著，赵劲松、别曼译，《经济情操论：亚当 斯密、孔多塞与启蒙运动》（*Economic Sentiments:Adam Smith, Condorcet, and the Enlightenment*），北京：社会科学文献出版社，2013

【英】罗布·戈菲、加雷斯·琼斯著，周新辉译，《你凭什么领导别人》（*Why Should Anyone Be Led by You?*），北京：商务印书馆，2010

亚洲作者

【黎】赛费迪安·阿莫斯著，李志阔、张昕译，《货币未来：从金本位到区块链》（*The Decentralized Alternative to Central Banking*），北京：机械工业出版社，2020

【日】井形庆子著，吕美女译，《英国人，这样过退休生活：英式心灵富足学》，台北：天下杂志股份有限公司，2018

【日】NHK特别节目录制组编著，王军译，《老后破产：名为“长寿”的噩梦》，上海：上海译文出版社，2018

【日】稻盛和夫著，曹岫云译，《心法》，北京：东方出版社，2014

【日】稻盛和夫著，曹岫云译，《活法》，北京：东方出版社，2012

【日】稻盛和夫著，曹岫云译，《干法》，北京：机械工业出版社，2015

【日】稻盛和夫著，叶瑜译，《成法》，杭州：浙江人民出版社，2020

【印】阿比吉特·班纳吉、【法】埃斯特·迪弗洛著，景芳译，《贫穷的本质：我们为什么摆脱不了贫穷》（*Poor Economics: A Radical Rethinking of the Way to Fight Global Poverty*），北京：中信出版集团，2018

【中】钱穆著，《中华文化十二讲》，北京：九州出版社，2011

【中】殷海光著，《逻辑新引·怎样判别是非》，上海：上海三

联书店，2004

【中】徐瑾著，《白银帝国：一部新的中国货币史》，北京：中信出版集团，2017

【中】资中筠著，《财富的责任与资本主义演变：美国百年公益发展的启示》，上海：上海三联书店，2015

【中】冯唐著，《冯唐成事心法》，北京：北京联合出版公司，2020

【中】刘军宁著，《投资哲学：保守主义的智慧之灯》，北京：中信出版集团，2013

【中】牟钟鉴著，《君子人格六讲》，北京：中华书局，2020

【中】孙骁骥著，《股惑：百年中国股史的九个瞬间1872—1998》，北京：东方出版社，2020

【中】费孝通著，戴可景译，《江村经济》（*Peasant Life in China*），北京：北京大学出版社，2012

【中】李录著，《文明、现代化、价值投资与中国》，北京：中信出版集团，2020

图书在版编目（CIP）数据

钱的第四维．II，财富素养常识 / 许骥著．-- 北京：中国友谊出版公司，2023.1
ISBN 978-7-5057-5566-6

Ⅰ．①钱… Ⅱ．①许… Ⅲ．①财务管理 Ⅳ．①TS976.15

中国版本图书馆 CIP 数据核字（2022）第 189951 号

书名 钱的第四维Ⅱ：财富素养常识
作者 许　骥
出版 中国友谊出版公司
策划 杭州蓝狮子文化创意股份有限公司
发行 杭州飞阅图书有限公司
经销 新华书店
制版 杭州真凯文化艺术有限公司
印刷 杭州钱江彩色印务有限公司
规格 880×1230 毫米　32 开
9.75 印张　234 千字
版次 2023 年 1 月第 1 版
印次 2023 年 1 月第 1 次印刷
书号 ISBN 978-7-5057-5566-6
定价 69.00 元
地址 北京市朝阳区西坝河南里 17 号楼
邮编 100028
电话（010）64678009